高职高专护理专业实训教材

生物化学实训

主 编 杜 江 闫 波

副主编 胡艳妹

编 者(以姓氏笔画为序)

闫波(安徽医学高等专科学校)

杜江(合肥职业技术学院)

陈传平(皖西卫生职业学院)

迟雅瑨(宣城职业技术学院)

胡艳妹(铜陵职业技术学院)

东南大学出版社

SOUTHEAST UNIVERSITY PRESS

·南京·

图书在版编目(CIP)数据

生物化学实训 / 杜江,闫波主编. —南京 : 东南大学出版社,2014.1

高职高专护理专业实训教材 / 王润霞主编

ISBN 978 - 7 - 5641 - 4631 - 3

Ⅰ. ①生… Ⅱ. ①杜… ②闫… Ⅲ. ①生物化学—高等职业教育—教材 Ⅳ. ①Q5

中国版本图书馆 CIP 数据核字(2013)第 263280 号

生物化学实训

出版发行	东南大学出版社
出 版 人	江建中
社　　址	南京市四牌楼 2 号
邮　　编	210096
经　　销	江苏省新华书店
印　　刷	南京工大印务有限公司
开　　本	787 mm×1 092 mm　1/16
印　　张	4.75
字　　数	120 千字
版　　次	2014 年 1 月第 1 版　2014 年 1 月第 1 次印刷
书　　号	ISBN　978 - 7 - 5641 - 4631 - 3
定　　价	12.00 元

* 本社图书若有印装质量问题,请直接与营销部联系,电话:025—83791830。

高职高专护理专业实训教材编审委员会
成 员 名 单

生物化学实训

序

　　《教育部关于"十二五"职业教育教材建设的若干意见》(教职成〔2012〕9号)文中指出:"加强教材建设是提高职业教育人才培养质量的关键环节,职业教育教材是全面实施素质教育,按照德育为先、能力为重、全面发展、系统培养的要求,培养学生职业道德、职业技能、就业创业和继续学习能力的重要载体。加强教材建设是深化职业教育教学改革的有效途径,推进人才培养模式改革的重要条件,推动中高职协调发展的基础工程,对促进现代化职业教育体系建设、切实提高职业教育人才培养质量具有十分重要的作用。"按照教育部的指示精神,在安徽省教育厅的领导下,安徽省示范性高等职业技术院校合作委员会(A联盟)医药卫生类专业协作组组织全省10余所有关院校编写了《高职高专药学类实训系列教材》(共16本)和《高职高专护理类实训系列教材》(13本),旨在改革高职高专药学类专业和护理类专业人才培养模式,加强对学生实践能力和职业技能的培养,使学生毕业后能够很快地适应生产岗位和护理岗位的工作。

　　这两套实训教材的共同特点是:

　　1. 吸收了相关行业企业人员参加编写,体现行业发展要求,与职业标准和岗位要求对接,行业特点鲜明。

　　2. 根据生产企业典型产品的生产流程设计实验项目。每个项目的选取严格参照职业岗位标准,每个项目在实施过程中模拟职场化。护理专业实训分基础护理和专业护理,每项护理操作严格按照护理操作规程进行。

　　3. 每个项目以某一操作技术为核心,以基础技能和拓展技能为依托,整合教学内容,使内容编排有利于实施以项目导向为引领的实训教学改革,从而强化了学生的职业能力和自主学习能力。

　　4. 每本书在编写过程中,为了实现理论与实践有效地结合,使之更具有实践性,还邀请深度合作的制药公司、药物研究所、药物试验基地和具有丰富临床护理经验的行业专家参加指导和编写。

5. 这两套实训教材融合实训要求和岗位标准使之一体化,"教、学、做"相结合。在具体安排实训时,可根据各个学校的教学条件灵活采用书中体验式教学模式组织实训教学,使学生在"做中学",在"学中做";也可按照实训操作任务,以案例式教学模式组织教学。

成功组织出版这两套教材是我们通过编写教材促进高职教育改革、提高教学质量的一次尝试,也是安徽省高职教育分类管理和抱团发展的一项改革成果。我们相信通过这次教材的出版将会大大推动高职教育改革,提高实训质量,提高教师的实训水平。由于编写成套的实训教材是我们的首次尝试,一定存在许多不足之处,希望使用这两套实训教材的广大师生和读者给予批评指正,我们会根据读者的意见和行业发展的需要及时组织修订,不断提高教材质量。

在教材编写过程中,安徽省教育厅的领导给予了具体指导和帮助,A联盟成员各学校及其他兄弟院校、东南大学出版社都给予大力支持,在此一并表示诚挚的谢意。

安徽省示范性高等职业技术院校合作委员会

医药卫生协作组

生物化学实训

前 言

　　本书为《生物化学》教材的配套辅导材料，除了可供高职高专学生使用外，也可供其他层次相关专业的学生使用。《生物化学实验指导》的编写指导思想是：配合理论教学，注重学生对生物化学的基本理论、基本知识、基本技能的学习，注重职业素养的培养。职业素养有两个方面，一个是通用素养，一个是专业素养。通用素养如良好的工作、劳动习惯的灌输；专业素养是利用专业技能解决实际问题的能力。

　　本书按照"课程标准"，既要考虑到"本门课程"在整个"护理专业教学"中的地位、目标，注意与已经学习的前承课程的知识与技能的衔接，也要考虑到后续课程知识与技能的需要，合理确定教材的内容。本书体现了"新知识"、"新技术"、"新工艺"、"新方法"，也注意了与职业标准的对接（针对岗位、课证融合）。

　　本书以生物化学技术为主线，以培养具有严谨的科学态度、实践能力较强的护理人才为目标，精选应用性强、技术性高、代表性好的实验项目，并在项目后附上相应的案例分析、思考题及评分标准，旨在打造一本适应新时期护理类专业需要的精品教材。

　　本书的特色是：体现了高职高专教育与改革的思想，提出了以技术和能力培养为主线，构建了基本技能、综合应用和设计创新三大实验模块。

　　本教材由长期从事高职高专生物化学教学和临床一线实践工作的教师共同编写，力争成为一本最能符合高职高专实践教学的精品教材。但由于作者水平有限，难免有不足之处，敬请同行专家和读者提出宝贵意见。

编者

2013 年 8 月

生物化学实训

目 录

实训一　微量移液器的使用

实训目的

1. 通过本实验掌握微量移液器的使用方法。
2. 能够熟悉微量移液器使用过程中的注意事项。
3. 知道微量移液器的基本结构。

实训内容

一、实训相关知识介绍

　　微量移液器是一种移取微量液体的新型实验工具,微量移液器相对其他液体吸取工具(量筒、移液管),具有快速、准确、微量等特点。常见类型有:手动单通道、手动多通道、电动单通道、电动多通道(图 1-1)。实验室中常用的多为手动单通道。

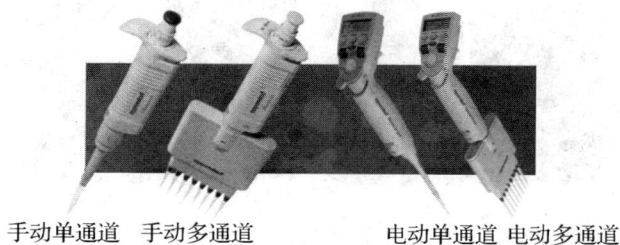

手动单通道　手动多通道　　　　电动单通道　电动多通道

图 1-1　微量移液器常见类型

　　常用的手动单通道移液器的量程有 0.1～1 μl、0.5～10 μl、2～20 μl、5～50 μl、10～100 μl、20～200 μl、25～250 μl、100～1 000 μl、500～5 000 μl 等多种,使用时根据需要选择最佳的量程。微量移液器的结构包括主体部分(塑料外壳)、调节部分(取液及刻度调节按钮)、褪管部分(卸吸头按钮)和吸嘴(吸嘴另配)。

二、微量移液器的使用步骤

正确的手持姿势是使用好微量移液器的前提和基础,一般以右手持移液器,呈握状,大拇指按压刻度调节按钮(图1-2)。

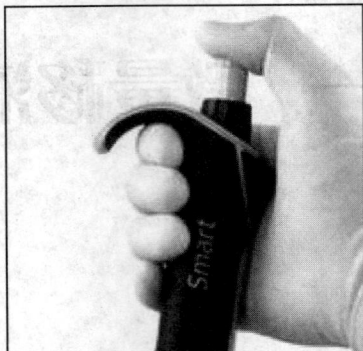

图1-2 微量移液器握法

微量移液器的使用步骤包括:吸头的选择及安装、容量设定、预洗吸头、吸液、放液、卸掉吸头及还原。

1. 吸头的选择及安装　不同量程的微量吸液器,其吸头不完全相同,使用时首先要选择合适的吸头。正确的安装方法叫旋转安装法,具体方法是:把移液器顶端插入吸头(无论是散装吸头还是盒装吸头都一样),在轻轻用力下压的同时,左右微微转动,上紧即可(图1-3)。

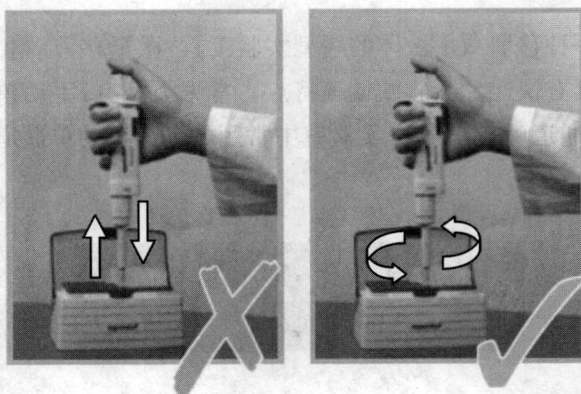

图1-3 旋转安装法

切记用力不能过猛,更不能采取剁吸头的方法来进行安装,因为这样会导致移液器的内部配件(如弹簧)因敲击产生的瞬时撞击力而变得松散,甚至会导致刻度调节旋钮卡住,严重情况下会将吸头折断。

2. 容量设定　调节微量吸液器上端的调节杆即可调整到所需的容量,调解时若从大

体积调节至小体积时,为正常调节法,调节到刚好就行;若从小体积调节至大体积时,就需要先调节超过设定体积的刻度,再回调至设定体积,可保证最佳的精确度(图1-4)。

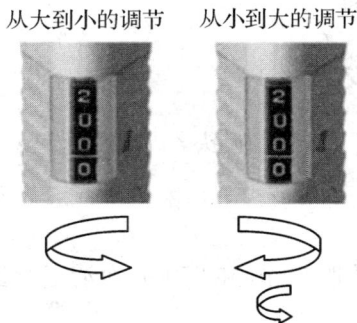

从大到小的调节　　从小到大的调节

图1-4　容量设定

3. 预洗吸头　安装了新的吸头或增加了容量值以后,应该把需要转移的液体吸取、排放2～3次,这样做是为了让吸头内壁形成一道同质液膜,确保移液工作的精度和准度,使整个移液过程具有极高的重现性。

在吸取有机溶剂或高挥发液体时,挥发性气体会在吸头内形成负压,从而产生漏液的情况,这时需要我们预洗4～6次,让吸头内的气体达到饱和,负压就会自动消失。

黏稠液体可以通过吸头预润湿的方式来达到精确移液。先吸入样液,打出,吸头内壁会吸附一层液体,使表面吸附达到饱和,然后再吸入样液,最后打出液体的体积会很精确。

4. 吸液　先将移液器排放按钮按至第一停点,再将吸头垂直浸入液面,浸入的深度为:P2、P10小于或等于1 mm;P20、P100、P200小于或等于2 mm;P1 000小于或等于3 mm;P5 ML、P10 ML小于或等于4 mm。吸液后平稳松开按钮,切记不能过快。

5. 放液　放液时,吸头紧贴容器壁,先将排放按钮按至第一停点,略停顿1～2秒后,再按至第二停点,这样做可以保证吸头内无残留液体。

6. 卸掉吸头　轻按卸吸头按钮,即可将吸头卸下,卸掉的枪头一定不能和新吸头混放,以免产生交叉污染。

7. 还原　微量移液器使用完毕后应当将量程调至最大后放置原位,让弹簧恢复原形,延长移液器的使用寿命。

三、使用微量移液器的注意事项

1. 吸液时,移液器本身不能倾斜。
2. 装配吸头时,不能用力过猛,导致吸头难以脱卸。
3. 不能平放带有残余液体吸头的移液器。
4. 不能用大量程的移液器移取小体积样品。
5. 移液器不得移取有腐蚀性的溶液,如强酸、强碱等。

6. 如有液体进入枪体,应及时擦干。

7. 移液器应轻拿轻放。

8. 定期对移液器进行校准。

四、实训所需仪器与材料

50～250 μl 微量移液器 1 把、配套吸头若干、试管 2 支、试管架一个、血清 1 ml。

五、实施要点

按照上述操作方法分别移取 50 μl 和 250 μl 血清至所备试管中,注意移液器的拿法、移液姿势及相关的注意事项。

实训思考

1. 若微量移液器的吸头浸入液面的深度过大,会对吸样产生什么影响?

2. 吸液过程中若移液器发生倾斜,会对吸液量产生什么影响?

知识拓展

微量移液器有多种型号,在一般实验室中比较常用的为手动单通道移液器,有些实验室需要使用多通道移液器。多通道移液器通常为 8 通道或 12 通道,与 8×12＝96 孔微孔板一致。多通道移液器的使用不但可减少实验操作人员的加样操作次数,而且可提高加样的精密度。电子移液器和分配器为半自动加样系统,电子移液器最大的优点是具有很高的加样重复性,应用范围广。

评分标准

微量移液器使用评分标准

班级：　　　　姓名：　　　　学号：　　　　得分：

项目		分值	操作实施要点	得分
课前素质要求（8分）		8	着装整洁并穿白大褂,有实训预习报告	
操作过程	操作前准备（6分）	2	微量移液器的检查:结构完整,吸头配套	
		4	其他物品准备:齐全、完好(如果缺少而未报告,扣1分)	
	操作中（60分）	4	手持微量移液器正确	
		4	正确安装吸头	
		4	正确调节吸液量100 μl	
		12	持移液器,保持移液器垂直,预洗吸头三次	
		12	将移液器排放按钮按至第一停点,再将吸头浸入待吸液,注意浸入深度,然后缓慢放开大拇指,完成吸样	
		12	将吸头紧贴放液试管壁,先将排放按钮按至第一停点,略停顿1～2秒后,再按至第二停点,完成放液	
		2	轻按卸吸头按钮,将吸头卸入废液缸内	
		4	将量程调至最大后放置原位	
		6	将移液器量程调至500 μl,同上步骤再完成一次	
	操作后整理（6分）	6	台面整理,仪器清洗	
评　价(20分)		20	态度认真,姿势自然,操作流畅	
总　分				

实训二 血清蛋白质醋酸纤维素薄膜电泳

实训目标

1. 通过对血清蛋白电泳的操作,掌握电泳操作程序、技术要领。
2. 能够熟悉血清蛋白醋纤膜电泳的原理、图谱的含义及临床意义。
3. 理解案例中的有关临床知识。

实训内容

一、实验原理

蛋白质是一种两性电解质,在 pH 小于其等电点的溶液中,蛋白质为阳离子,在电场中向负极移动;在 pH 大于其等电点的溶液中,蛋白质为阴离子,在电场中向正极移动。血清中含有数种蛋白质,它们所具有的可解离基团不同,在同一种 pH 的溶液中所带净电荷不同,因此可用点样方法将它们分离。血清中含有白蛋白、α-球蛋白、β-球蛋白、γ-球蛋白等,各种蛋白质由于相对分子质量、等电点及形状不同,在电场中迁移速度不同,由表2-1可知,5 种蛋白质的等电点大部分 pH 小于 7.0,所以在 pH 为 8.6 的缓冲液中它们都电离成阴离子,在电场中向正极移动。

表 2-1 血清蛋白质理化常数

名称	等电点	相对分子质量
白蛋白	4.88	69 000
α_1-球蛋白	5.06	200 000
α_2-球蛋白	5.06	300 000
β-球蛋白	5.12	90 000~150 000
γ-球蛋白	6.85~7.50	156 000~300 000

二、实验器材

醋酸纤维薄膜(2 cm×8 cm);人血清;烧杯及培养皿数只;点样器;镊子;玻璃棒;恒温水浴锅;电泳槽;直流稳压电泳仪。

三、实验试剂

1. 巴比妥缓冲液(pH 8.6)　取巴比妥 2.76 g 溶于 800 ml 左右的蒸馏水中(可加热助溶),加巴比妥钠 15.45 g,溶解后加蒸馏水到 1 000 ml。

2. 氨基黑 10B 染液　称取氨基黑 10B 0.1 g,溶于 20 ml 无水乙醇中,加冰醋酸 5 ml、甘油 0.5 ml,使其溶解。另取磺基水杨酸 2.5 g,溶于 74.5 ml 蒸馏水中。将两种液体混匀使用。

3. 漂洗液　冰醋酸 5 ml、95%乙醇 45 ml、蒸馏水 50 ml,混匀。

四、实验步骤

1. 薄膜浸泡　提前将醋酸纤维素薄膜浸泡 30 分钟以上。

2. 电泳仪检查　水平检查,电源检查。

3. 电泳槽准备　在两个电极槽中,各倒入等体积的电极缓冲液。将滤纸条对折翻过来,用电极缓冲液完全浸湿,架在电泳槽的四个膜支架上,使滤纸一边的长边与支架前沿对齐,另一端浸入电泳缓冲液中。用玻璃棒轻轻挤压在膜支架上的滤纸,以驱逐气泡,使滤纸一端能紧贴在膜支架上。滤纸条是两个电极槽联系醋酸纤维素薄膜的桥梁,故称为滤纸桥。

4. 点样　把浸泡好的醋酸纤维素薄膜取出,用滤纸吸去表面多余液体,毛面向上,然后平铺在滤纸上,用点样片蘸取适量新鲜血清,在膜条一端 1.5~2 cm 处轻轻地水平落下并迅速提起,即在膜条上点上了淡黄色细条状的血清样品(图 2-1)。

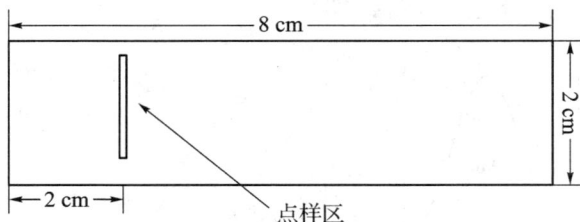

图 2-1　醋酸纤维素薄膜规格及点样位置

5. 电泳　用镊子将点样端的薄膜平贴在负极电泳槽支架的滤纸槽上(点样面朝下,且点样线不可接触电极),另一端平贴在正极端支架上,用镊子将气泡赶走。要求薄膜紧贴滤纸桥并绷直,中间不能下垂。盖上电泳槽盖,平衡 5 分钟,接通电源,调节电压到 120~160 V,电泳 40~50 分钟(图 2-2)。

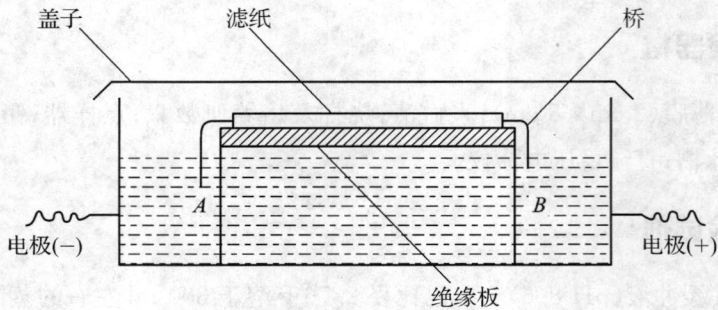

图 2－2　醋酸纤维素薄膜电泳装置示意图

6. **染色**　电泳结束后,关闭电源。将薄膜从电泳槽中取出,染色 3 分钟。

7. **漂洗**　将薄膜从染色液中取出(尽量沥尽染色液)后浸入漂洗液中漂洗 3～4 次,直至薄膜的底色洗净为止,用滤纸吸干薄膜。可见蛋白质被分为 5 条带。

五、注意事项

1. 点样时按操作步骤进行,否则常因血清滴加不均匀而导致电泳图谱不齐或分离不良。

2. 乙酰醋酸纤维素薄膜一定要浸透后才能点样。点样后电泳槽一定要密闭。电流不宜过大,以防止薄膜干燥,电泳失败。

3. 缓冲液离子强度不小于 0.05,不大于 0.07,因为过小可使区带拖尾,过大则使区带过于紧密。

4. 电泳槽中缓冲也要保持清洁,同时连接的正、负极线路调换使用。

5. 电泳槽两边缓冲液要保持液面水平。

6. 通电完毕后,应先断开电源再取薄膜,以免触电。

六、实验结果

染色后的薄膜上可显现清楚的 5 条条带,从正极端起依次为:白蛋白、α_1-球蛋白、α_2-球蛋白、β-球蛋白、γ-球蛋白(图 2-3)。

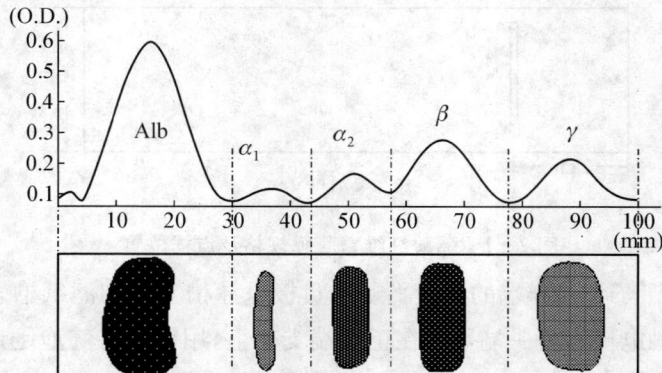

图2-3　正常人血清蛋白质醋酸纤维薄膜电泳图谱和扫描曲线示意图
*图中"------"为各组分蛋白带的分界线

七、参考值

正常人血清蛋白质醋纤膜电泳分离组分及百分含量如下：

清蛋白（A）57％～72％；α_1-球蛋白 2％～5％；α_2-球蛋白 4％～9％；β-球蛋白 6.5％～12％；γ-球蛋白 12％～20％。

八、临床意义

1. 慢性肝炎、肝硬化时，清蛋白显著降低，γ-球蛋白升高 2～3 倍。

2. 肾病综合征时，清蛋白降低，α_2-球蛋白及 β-球蛋白升高。

3. 结缔组织疾病（如红斑狼疮、类风湿关节炎等）时，清蛋白降低，γ-球蛋白显著升高。

4. 多发性骨髓瘤时，清蛋白降低，γ-球蛋白升高，于 β-球蛋白和 γ-球蛋白区带之间出现"M"带。

实训思考

1. 血浆蛋白质主要是由哪些组织器官和细胞产生的？

2. 血清和血浆有哪些不同？

评分标准

醋酸纤维薄膜电泳考核评价标准

班级：　　　　姓名：　　　　学号：　　　　得分：

项目		分值	操作实施要点	得分
课前素质要求（8分）		8	按时上课,着装整洁并穿白大褂,有实训预习报告	
操作过程	操作前准备（6分）	4	电泳仪和电泳槽的检查:结构完整,电极正确	
		2	其他物品准备:齐全、完好	
	操作中（56分）	6	醋纤膜准备正确,并能正确浸泡	
		6	点样正确	
		6	放置于电泳槽时能正确放置	
		6	正确设置电压、电流及电泳时间	
		6	染色时间把握合理,染色充分	
		6	洗涤脱色干净	
		20	电泳条带清晰,没有明显的拖尾	
	操作后整理（10分）	10	台面整理,关闭仪器,物品归位	
评价(20分)		20	态度认真、姿势自然,操作流畅	
总　分				

实训三 酶的专一性/特异性

实训目标

1. 通过唾液淀粉酶对不同底物作用的实验,掌握酶的专一性知识。
2. 能够熟悉该检验项目实验室检测的原理及应用。

实训内容

一、实验原理

人的唾液中含有唾液淀粉酶。淀粉酶能催化淀粉水解,生成麦芽糖和少量葡萄糖,它们均属于还原性糖。班氏试剂是一种碱性铜试剂,与还原糖共热时,试剂中的 Cu^{2+} 被还原为 Cu^+ ,并生成 Cu_2O 。 Cu_2O 沉淀的颜色可因其颗粒大小而不同,量多、颗粒大时为砖红色,量少时呈黄绿色。由于淀粉酶的特异性,不能催化蔗糖水解,且蔗糖是非还原性糖,经加热后不与班氏试剂反应,没有砖红色的氧化亚铜(Cu_2O)沉淀生成。

二、实验器材

试管、试管架、烧杯、恒温水浴锅、记号笔、胶头滴管。

三、实验试剂

1. 1%淀粉　取可溶性淀粉 1.0 g,加 5 ml 蒸馏水,调成糊状,再加 80 ml 蒸馏水,加热并不断搅拌,使其充分溶解,冷却后用蒸馏水稀释至 100 ml。

2. 1%蔗糖溶液　用分析纯蔗糖新鲜配制。

3. pH 6.8 缓冲液　取 0.2 mol/L Na_2HPO_4 溶液 772 ml,0.1 mol/L 柠檬酸溶液 228 ml,混合后即成。

4. 班氏试剂　溶解结晶硫酸铜($CuSO_4 \cdot 5H_2O$)17.3 g 于 100 ml 热的蒸馏水中,冷

却、稀释至 150 ml,此为第一液。另取柠檬酸钠 173 g 和无水碳酸钠 100 g 溶于蒸馏水 700 ml,加热促溶,冷却、稀释至 850 ml,此为第二液。最后把第一液缓慢倒入第二液中混匀即可。

四、实验方法

1. 唾液的制备 用水把口腔漱干净后,含蒸馏水约 30 ml,做咀嚼运动,2 分钟后吐入小烧杯中备用。

2. 煮沸唾液的制备 取上述唾液约 5 ml 于试管中,置于沸水浴中煮沸 5 分钟,取出备用。

3. 取 3 支洁净试管、标号,按下表加入试剂。

管号	缓冲液(pH 6.8)	淀粉溶液(1%)	蔗糖溶液(1%)	唾液	煮沸唾液
1	20 滴	10 滴	—	5 滴	
2	20 滴	10 滴	—	—	5 滴
3	20 滴	—	10 滴	5 滴	

4. 各管摇匀后,置于 37 ℃水浴中保温 10 分钟,取出各管分别加入班氏试剂 20 滴,置沸水浴中煮沸,观察结果。

五、注意事项

1. 使用洁净试管,否则影响实验结果。
2. 各管加入试剂后要充分摇匀,使底物与酶充分反应。

实训思考

1. 试管在 37 ℃水浴中保温 10 分钟,其作用是什么?

2. 观察、记录 3 支管煮沸后颜色的变化,并解释原因。

管号	颜色变化	原因
1		
2		
3		

评分标准

酶的专一性实训评分标准

班级： 姓名： 学号： 得分：

项目		分值	操作实施要点	得分
课前素质要求 （8分）		8	白大衣穿戴整洁,态度端正,有实训预习报告	
操作过程	操作前准备（6分）	6	检查实验试剂是否足量,检查实验用品是否齐全,备好实验中所用器材	
	操作中 （60分）	20	正确制备稀释唾液	
		5	试管进行了标记	
		10	滴管使用方法正确,加量准确	
		5	无混用滴管现象	
		12	每管中试剂加完后混匀	
		8	把握好实验中不同步骤的时间	
	操作后整理 （6分）	6	台面清洁,所用物品排放整齐,试管清洗干净	
评价（20分）		20	态度认真,主动思考,姿势自然,操作流畅	
总　分				

实训四 酶活性的影响因素

实训目标

1. 通过对酶在不同条件下的活性实验,掌握酶活性的影响因素。
2. 能够熟悉该检验项目实验室检测的原理及应用。

实训内容

一、实验原理

人的唾液中含有唾液淀粉酶,唾液淀粉酶能催化淀粉水解,产生一系列水解产物,即糊精、麦芽糖和少量葡萄糖。淀粉及其水解产物遇碘会呈现不同的颜色。在不同温度、不同 pH 条件下,唾液淀粉酶活性不同,催化淀粉水解能力不一,生成产物也就不同。此外,激活剂、抑制剂也能影响淀粉酶活性,影响淀粉水解。因此根据淀粉及其水解产物与碘呈色的不同,作为酶活性大小的指标。

唾液淀粉酶对淀粉的水解过程如下:

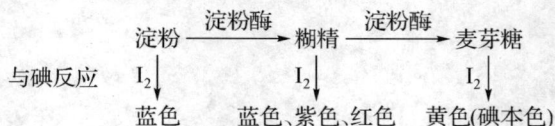

$$淀粉 \xrightarrow{\text{淀粉酶}} 糊精 \xrightarrow{\text{淀粉酶}} 麦芽糖$$

与碘反应 $\quad$ 淀粉 $\xrightarrow{I_2}$ 蓝色 $\quad$ 糊精 $\xrightarrow{I_2}$ 蓝色、紫色、红色 $\quad$ 麦芽糖 $\xrightarrow{I_2}$ 黄色(碘本色)

本实验借唾液淀粉酶对淀粉的水解作用来观察温度、pH、激活剂、抑制剂对酶促反应速度的影响。

二、实验器材

试管、试管架、37 ℃水浴、冰水浴、沸水浴、微量移液器。

三、实验试剂

1. 碘溶液 取碘化钾 2 g 及碘 1.27 g 溶解于 200 ml 水中,使用前用水稀释 5 倍。

2. 1% 淀粉 取可溶性淀粉 1.0 g,加 5 ml 蒸馏水,调成糊状,再加 80 ml 蒸馏水,加热并不断搅拌,使其充分溶解,冷却后用蒸馏水稀释至 100 ml。

3. 唾液的制备 用水把口腔漱干净后,含蒸馏水约 30 ml,做咀嚼运动,2 分钟后吐入小烧杯中备用。

4. pH 3.0 缓冲液 取 0.2 mol/L Na_2HPO_4 溶液 205 ml,0.1 mol/L 柠檬酸溶液 795 ml,混合后即成。

5. pH 6.8 缓冲液 取 0.2 mol/L Na_2HPO_4 溶液 772 ml,0.1 mol/L 柠檬酸溶液 228 ml,混合后即成。

6. pH 8.0 缓冲液 取 0.2 mol/L Na_2HPO_4 溶液 972 ml,0.1 mol/L 柠檬酸溶液 28 ml,混合后即成。

7. 1% NaCl 溶液。

8. 1% $CuSO_4$ 溶液。

9. 1% Na_2SO_4 溶液。

四、实验方法

1. 温度对酶促反应速度的影响

(1) 取 3 支洁净试管,编号,每管加入 pH 6.8 缓冲液 20 滴、1% 淀粉液 10 滴。

(2) 将 1 号管置于沸水浴中,2 号试管置于 37 ℃水浴中,3 号试管置于冰水浴中。

(3) 各管在以上温度下维持 5 分钟后分别加入稀释唾液 1 滴,混匀。分别在上述各温度水浴中再保持 10 分钟。

(4) 水浴 10 分钟后,将上述试管各加 1 滴碘液,并观察反应结果。

2. pH 对酶促反应速度的影响

(1) 取 3 只洁净试管,编号,并按表 4-1 加入各种试剂。

表 4-1 pH 对酶促反应速度的影响

管号	pH 3.0 缓冲液	pH 6.8 缓冲液	pH 8.0 缓冲液	1% 淀粉溶液	唾液
1	20 滴	—	—	10 滴	5 滴
2	—	20 滴	—	10 滴	5 滴
3	—	—	20 滴	10 滴	5 滴

(2) 将各试管摇匀,置于 37 ℃水浴中保温。

(3) 水浴 5~10 分钟后,将上述试管各加 1 滴碘液,并观察、记录反应结果。

3. 激活剂、抑制剂对酶促反应速度的影响

（1）取 3 支洁净试管，编号，并按表 4-2 加入各种试剂。

表 4-2　激活剂、抑制剂对酶促反应速度的影响

管号	pH 6.8 缓冲液	1%淀粉溶液	蒸馏水	1%NaCl	1% CuSO$_4$	1% Na$_2$SO$_4$	唾液
1	20 滴	10 滴	10 滴	—	—	—	5 滴
2	20 滴	10 滴	—	10 滴	—	—	5 滴
3	20 滴	10 滴	—	—	10 滴	—	5 滴
	20 滴	10 滴	—	—	—	10 滴	5 滴

（2）将各试管摇匀后放入 37 ℃水浴中保温。

（3）水浴 5~10 分钟后，将上述各试管中加 1 滴碘液，并观察、记录反应结果。

实训思考

1. 观察各管颜色变化，说明温度、pH、激活剂、抑制剂对酶促反应的影响。

（1）温度对酶促反应的影响

管号	颜色变化	原因
1（100℃）		
2（37℃）		
3（0℃）		

（2）pH 对酶促反应的影响

管号	颜色变化	原因
1（pH 3.0）		
2（pH 6.8）		
3（pH 8.0）		

（3）激活剂、抑制剂对酶促反应的影响

管号	颜色变化	原因
1（蒸馏水）		
2（NaCl）		
3（CuSO$_4$）		
4（Na$_2$SO$_4$）		

2. 何谓最适温度？淀粉酶的最适温度是多少？

3. 何谓最适 pH？淀粉酶的最适 pH 是多少？

4. 何谓激活剂、抑制剂？淀粉酶的激活剂、抑制剂分别是什么？

评分标准

影响酶活性的因素实训评分标准

班级：　　　　姓名：　　　　学号：　　　　得分：

项目		分值	操作实施要点		得分
课前素质要求（8分）		8	按时上课，着装整洁并穿工作服，有实训预习报告		
操作过程	操作前准备（6分）	4	对照实验指导，检查所需试剂是否齐全		
		2	实验器材准备：齐全、完好		
	操作中（60分）	8	温度对酶促反应的影响	操作规范	
		6		实验现象明显、结果正确	
		6		能正确解释实验现象	
		8	pH对酶促反应的影响	操作规范	
		6		实验现象明显、结果正确	
		6		能正确解释实验现象	
		8	激活剂与抑制剂对酶促反应的影响	操作规范	
		6		实验现象明显、结果正确	
		6		能正确解释实验现象	
	操作后整理（6分）	6	台面整理，仪器清洗，器材洗净归位		
评价(20分)		20	态度认真，姿势自然，操作流畅		
总　分					

实训五 721 紫外-可见光分光光度计的使用

实训目标

1. 通过该实验掌握 721 分光光度计的使用及注意事项。
2. 能够熟悉 721 分光光度计的原理及结构。

实训内容

一、721分光光度法分析原理

利用物质对不同波长光的选择吸收现象来进行物质的定性和定量分析,通过对吸收光谱的分析,判断物质的结构及化学组成。

本仪器是根据相对测量原理工作,即选定某一物质(蒸馏水、空气或试样)作为参比,并设定它的透射比(即透射率 T)为 100%,而被测试样的透射比是相对于该参比而得到的。透射比(透射率 T)的变化和被测物质的浓度有一定的函数关系,在一定的范围内,它符合朗伯-比耳定律。

$$T = I/I_0 \times 100\%$$

$$A = \log(1/T) = KCL$$

式中:

T——被测物在给定波长的透射比(透射率)。

A——被测物在给定波长的吸光度值。

K——比消光系数,又称为吸收系数(与入射光波长及被测物质的特性有关)。

C——被测物质的浓度。

L——被测物质溶液的厚度(一般与比色皿的厚度有关)。

I——光透过被测物质后照射到光电转换器上的强度。

I_0——光透过参比物质后照射到光电转换器上的强度。

本仪器就是根据这一原理,结合现代精密光学和最新微电子等高新技术研制而成的分光光度计。

二、实验器材

1. 擦镜纸或棉花、滤纸片。
2. 1厘米的比色皿,铺有滤纸的表面皿或培养皿。
3. 220 V交流电源,外接地线牢固。
4. 721型分光光度计,配有仪器布罩。
5. 蒸馏水或空白试剂(B)。

三、721分光光度计使用步骤

1. 接通电源,打开开关指示钮,打开比色箱。
2. 选择所需波长及适宜灵敏度。
3. 转动0旋钮,开盖调T为0;转动100旋钮,闭盖调T为100,预热20分钟。
4. 预热后反复调节T为0、T为100。
5. 将空白液、标准液、测定液分别倒入三个比色皿中,将比色皿放入比色箱中,使空白液对准光路,合上比色箱盖,调A为0;轻轻拉动比色槽杆,先后将标准液、测定液对准光路,分别记录$A_{标}$和$A_{测}$。
6. 比色完毕,关闭电源,拔下插头,恢复各旋钮至原来位置,取出比色皿,盖上比色箱盖,套上布罩。将比色皿冲洗干净后倒置晾干。
7. 计算　根据记录的$A_{标}$和$A_{测}$和已知的$C_{标}$ 3个数值,代入公式$C_{测}＝A_{测}/A_{标}×C_{标}$。

四、注意事项

1. 仪器须安放在稳固的工作台上,不能随意搬动。严防震动、潮湿和强光直射。
2. 为了防止光电管疲劳,不测定时必须将比色皿暗箱盖打开,使光路切断,以延长光电管使用寿命。
3. 比色皿的使用方法

(1) 拿比色皿时,手指只能捏住比色皿的毛玻璃面,不要碰比色皿的透光面,以免沾污。

(2) 盛装比色液时,约达比色皿体积的2/3,不宜过多或过少。若不慎使溶液流至比色皿外面,须用棉花或拭镜纸擦干才能放入比色架。拉比色杆时要轻,以防溶液溅出,腐蚀机械。

(3) 千万不可用手或滤纸等物摩擦比色皿的透光面。

(4) 比色皿用后应立即用自来水冲洗干净,再用蒸馏水洗净。若不能洗净,用5％中性皂溶液或洗衣粉溶液浸泡,然后用水冲洗干净,倒置晾干。不能用碱溶液或氧化性强

的洗涤液洗比色皿,以免损坏;也不能用毛刷清洗比色皿,以免损伤它的透光面。每次做完实验时,应立即洗净比色皿。

(5)每套分光光度计上的比色皿和比色皿架不得随意更换。

4. 试管或试剂不得放置于仪器上,以防试剂溅出,腐蚀机壳。

5. 如果试剂溅在仪器上,应立即用棉花或纱布擦干。

6. 测定溶液浓度的光密度值宜在 0.2~0.7,最符合光吸收定律,线性好,读数误差较小。如光密度超过 0.1~1.0 范围,可调节比色液浓度,适当稀释或加浓,再进行比色。

7. 合上检测室盖连续工作的时间不宜过长,以防光电管疲乏。每次读完比色架内的一组读数后,立即打开检测室盖。

8. 仪器连续使用不应超过 2 小时,必要时间歇半小时再用。

9. 测定未知液时,先作该溶液的吸收光谱曲线,再选择最大吸收峰的波长作为测定波长。

10. 721 分光光度计的放大器暗盒及单色器箱处放有两个硅胶筒,检测室内放硅胶袋,应经常检查。若发现硅胶变色,应更换新硅胶或烘干再用。

11. 仪器较长时间不使用,应定期通电、预热。

12. 仪器用完之后,应拔去电源,套上仪器罩。

实训思考

1. 朗伯-比耳定律是什么?

2. 分光光度法的影响因素有哪些?

知识拓展

分光光度计是利用分光光度法对物质进行定量定性分析的仪器。该仪器是医药卫生、生物、食品企业、饮用水厂办理 QS、HACCP 认证的必备检验设备。分光光度法是通过测定被测物质在特定波长处或一定波长范围内光的吸收度,对该物质进行定性和定量分析。常用的波长范围为:①200~400 nm 的紫外光区;②400~760 nm 的可见光区;③2.5~25 μm 的红外光区。所用仪器为紫外分光光度计、可见光分光光度计、红外分光光度计等(图 5-1、图 5-2)。

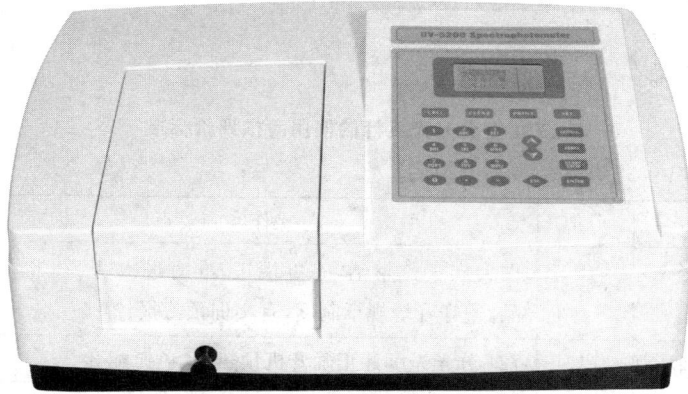

图5-1　分光光度计

图5-2　分光光度计配套比色皿

评分标准

721 型分光光度计的使用考核评价标准

班级： 姓名： 学号： 得分：

项目		分值	操作实施要点	得分
课前素质要求 （8分）		8	白大衣穿戴整洁，态度端正，准时进入赛场，带好参赛用品，遵守赛场规章制度，有实训预习报告	
操作过程	操作前准备 （6分）	4	721 分光光度计正确开机预热，比色皿配套	
		2	其他物品准备：齐全、完好	
	操作中 （60分）	8	正确调节波长和灵敏度	
		20	手持比色皿正确，倒液量合理，擦拭比色皿正确，放置于比色架正确	
		6	正确调 0 和调 100%	
		4	做到反复调节	
		12	拉动拉杆，比色步骤及读数正确，记录实验数据	
		10	取出比色皿，清洗并收藏，正确关机	
	操作后整理 （6分）	6	台面整理，使用器材放回原位	
评价（20分）		20	态度认真，姿势自然，操作流畅	
总 分				

实训六 血清总蛋白(TP)测定(双缩脲比色法)

实训目标

1. 通过对血清总蛋白(TP)的测定,掌握 721 分光光度计或半自动生化分析仪的使用。
2. 能够熟悉该检验项目实验室检测的原理及临床应用。
3. 理解案例中的有关临床知识。

实训内容

一、实验原理

蛋白质分子中的肽键(—CONH—)在碱性条件下与 Cu^{2+} 作用生成紫红色络合物。与两分子的尿素缩合后生成的双缩脲(H_2N—OC—NH—CO—NH_2)在碱溶液中与 Cu^{2+} 的反应相似,称为双缩脲反应。产生颜色的强度在一定范围内与蛋白质的含量成正比,通过与同样处理的蛋白质标准溶液比较,经计算可求出血清总蛋白含量。

二、实验器材

试管、试管架、微量加样器、刻度吸管、恒温水浴箱、721 分光光度计、自动生化分析仪。

三、实验试剂

1. 6.0 mol/L 氢氧化钠溶液。
2. 双缩脲试剂 称取硫酸铜结晶($CuSO_4 \cdot 5H_2O$)3.0 g 溶于 500 ml 新鲜制备的蒸馏水中,加酒石酸钾钠($NaKC_4H_4O_6 \cdot 4H_2O$)9.0 g、碘化钾(KI)5.0 g,待完全溶解后,在搅拌下加入 6.0 mol/L 氢氧化钠溶液 100 ml,最后加蒸馏水至 1 L。置聚乙烯瓶内盖紧保存。
3. 蛋白质标准液 试剂盒定值参考血清或标准清蛋白作标准。

四、操作步骤

1. 自动生化分析仪法　按试剂盒说明书提供的参数进行操作。

2. 手工操作法　取 3 支试管,按下表操作。

加入物(ml)	测定管	标准管	空白管
待测血清	0.1	—	—
蛋白质标准液	—	0.1	—
蒸馏水	0.4	0.4	0.5
双缩脲试剂	3.0	3.0	3.0

混匀,置 37 ℃水浴放置 10 分钟,以空白管调零,用 540 nm 波长处比色,读取各管吸光度。

五、计算

血清总蛋白(g/L)=(测定管吸光度/标准管吸光度)×蛋白标准液浓度(g/L)

六、参考区间

60～80 g/L。

七、注意事项

1. 血清蛋白质含量一般用 g/L 表示,由于各种蛋白质的分子量不同,故其浓度不宜用 mol/L 表示。

2. 双缩脲试剂中酒石酸钾钠的作用是络合铜离子,以维持铜离子在碱性溶液中的溶解性;碘化钾能防止二价铜离子还原。

3. 双缩脲反应并非蛋白质的颜色反应。凡分子内含有两个或两个以上氨基甲酰基(—$CONH_2$),不论是直接相连还是通过一个氮或碳原子间接连接,均可呈双缩脲反应。

4. 血清标本以新鲜为宜,含脂类极多的血清,加入双缩脲试剂后会出现混浊,可用乙醚 3 ml 抽提后再进行比色。

5. 明显溶血标本可干扰双缩脲反应,故不宜使用。

6. 黄疸血清可使结果偏高,最好做相应的血清对照管,以保证结果准确。

八、临床意义

1. 血清总蛋白浓度增高

(1) 血液浓缩:腹泻、呕吐等。

(2) 合成增加:主要见于异常球蛋白合成增加,如多发性骨髓瘤、系统性红斑狼疮等。

2. 血清总蛋白浓度降低

(1) 血液稀释:过多注射低渗溶液,各种原因引起的水钠潴留。

（2）摄入量不足和消耗增加：营养不良、慢性肠胃炎、严重结核病等。

（3）合成障碍：肝脏疾病。

（4）丢失过多：严重烧伤，大量失血，肾病综合征等。

实训思考

某患者,女,28岁,低热腹胀半年。体检:消瘦,心肺无异常,全腹膨隆有压痛,肝脾未及,腹部移动性浊音阳性,下肢无水肿。腹水检查:草黄色,比重1.012,蛋白定量30 g/L,白细胞数760×106 g/L,其中淋巴细胞65%,中性粒细胞35%。

1. 简述血清总蛋白测定的来源与去路。

2. 上述患者最可能的诊断是什么?

评分标准

血清 TP 的测定评分标准

班级：　　　姓名：　　　学号：　　　得分：

项目		分值	操作实施要点	得分
课前素质要求（10分）		10	按时上课、着装整洁并穿白大褂,有实训预习报告	
操作过程	操作前准备（10分）	10	正确选择所需的材料及设备,正确洗涤	
	操作中（50分）	5	正确地将离心管记号	
		10	按照实验操作的表格要求正确地加入试剂	
		10	正确使用离心机	
		10	正确使用分光光度计	
		10	准确、及时记录实验的现象、数据	
		5	计算血清 TP 浓度	
	操作后整理（10分）	10	按要求清洁仪器设备、实验台、摆放好所用试剂	
评价（20分）		10	上课态度认真,实验操作流畅,实验台面整洁	
		10	实验报告工整,项目齐全,结论准确,并能针对结果进行分析讨论	
总　分		100		

实训七 血清清蛋白测定（溴甲酚绿法）

实训目标

1. 通过对清蛋白的测定，掌握溴甲酚绿法测定血清清蛋白的原理及注意事项。
2. 能够熟悉该溴甲酚绿法测定血清清蛋白的步骤。
3. 理解案例中的有关临床知识。

实训内容

一、实验原理

血清清蛋白在 pH 为 4.2 的缓冲液中带正电荷，与带负电荷的染料溴甲酚绿（BCG）结合形成蓝绿色复合物，在波长 628 nm 处有吸收峰，复合物的吸光度与清蛋白浓度成正比，与同样处理的清蛋白标准液比较，可求得血清清蛋白含量。

二、实验器材

试管、试管架、微量加样器、刻度吸管、恒温水浴箱、721 分光光度计。

三、实验试剂

1. 溴甲酚绿（BCG）试剂 向 950 ml 蒸馏水中加入 0.105 g BCG（或 0.108 g BCG 钠盐），8.85 g 琥珀酸，0.100 g 叠氮钠和 4 ml Brij-35（聚氧化乙烯月桂醚，300 g/L）。待完全溶解后，用 6.0 mol/L 氢氧化钠溶液调节至 pH 为 4.15～4.25。最后，用蒸馏水加至 1 L。置聚乙烯瓶内盖紧保存。

BCG 试剂配成后，分光光度计波长 628 nm，蒸馏水调节零点，测定 BCG 试剂的吸光度，应在 0.150 左右。

2. 白蛋白标准液 需置冰箱保存。

四、操作步骤

取 3 支试管,按下表操作。

加入物(ml)	测定管	标准管	空白管
待测血清	0.05	—	—
蛋白质标准液	—	0.05	—
蒸馏水	—	—	0.05
BCG 试剂	5.0	5.0	5.0

分光光度计波长 628 nm,以空白管调零,然后逐管定量加入 BCG 试剂,并立即混匀。每份血清标本或标准液与 BCG 试剂混合后(30＋3)秒,读取吸光度。

五、计算

血清清蛋白(g/L)＝(测定管吸光度/标准管吸光度)×清蛋白标准液浓度(g/L)

六、参考区间

成人:34～48 g/L;4～14 岁儿童:38～54 g/L。

七、注意事项

1. BCG 是一 pH 指示剂,它受酸碱影响很大,故所用一切器材均需清洁,不能受酸碱污染。

2. BCG 试剂配制后每次应用酸度计校正 pH 为 4.0～4.2,否则对结果影响很大。

3. 本法标本用量很微,一定要准确加入,否则对结果影响很大。

4. 轻度及中度脂血时对结果没有影响,重度脂血欲得准确结果,需做空白管。

5. 轻度溶血及黄疸对结果没有影响,重度溶血需重送标本。本法不受高胆固醇、高葡萄糖、高球蛋白含量的影响。

八、临床意义

1. 血清白蛋白浓度增高　常见于严重失水所致的血浆浓缩,此时并非清蛋白绝对量增多。临床上尚未发现单纯清蛋白浓度增高的疾病,以清蛋白浓度降低多见。

2. 血清清蛋白浓度降低　通常与总蛋白降低的原因相同。急性清蛋白浓度降低主要见于急性大出血或严重烧伤时血浆大量丢失;慢性清蛋白浓度降低见于腹水形成时清蛋白的丢失、肾病时尿液中的丢失、肝脏合成清蛋白功能障碍、肠道肿瘤及结核病伴慢性出血、营养不良和恶性肿瘤等。血清清蛋白浓度低于 20 g/L 时,由于胶体渗透压的下降,临床上出现水肿的症状。妊娠期,尤其是晚期,由于体内对蛋白质需要量增加,又同时伴有血浆容量升高,血清清蛋白可明显下降,分娩后可恢复正常。

实训思考

某患者,女,34 岁,4 年前发现脾大,经常鼻及消化道出血。一年前行脾切除及门静脉分流术,时有精神错乱表现。肝功能检查:ALT 及 AST 正常,血清清蛋白 30 g/L。

1. 该患者患何病?

2. 简述 BCG 法测定血清清蛋白的基本原理。

3. 脂血标本如何做标本空白管?

评分标准

血清清蛋白的测定评分标准

班级:　　　　姓名:　　　　学号:　　　　得分:

项目		分值	操作实施要点	得分
课前素质要求 (10 分)		10	按时上课,着装整洁并穿白大褂,有实训预习报告	
操作过程	操作前准备 (10 分)	10	正确选择所需的材料及设备,正确洗涤	
	操作中 (50 分)	5	正确地将离心管记号	
		10	按照实验操作的表格要求正确地加入试剂	
		10	正确使用离心机	
		10	正确使用分光光度计	
		10	正确、及时记录实验的现象、数据	
		5	计算血清清蛋白浓度	
	操作后整理 (10 分)	10	按要求清洁仪器设备、实验台,摆放好所用试剂	
评价 (20 分)		10	上课态度认真,实验操作流畅,实验台面整洁	
		10	实验报告工整,项目齐全,结论准确,并能针对结果进行分析讨论	
总　分		100		

实训八 血糖测定(葡萄糖氧化酶法)

实训目标

1. 通过对血糖的测定,掌握 721 分光光度计或半自动生化分析仪的使用。
2. 能够熟悉该检验项目实验室检测的原理及临床应用。
3. 了解案例中的有关临床知识。

实训内容

一、原理

葡萄糖氧化酶(GOD)能催化葡萄糖氧化成葡萄糖酸和过氧化氢,后者在 4 -氨基安替比林和酚存在下,经过氧化物酶(POD)催化氧化为红色醌类化合物,其颜色深浅在一定范围内与葡萄糖浓度成正比。反应式如下:

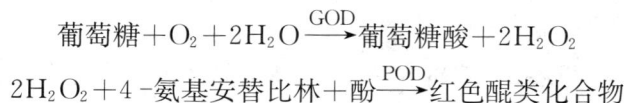

$$葡萄糖 + O_2 + 2H_2O \xrightarrow{GOD} 葡萄糖酸 + 2H_2O_2$$

$$2H_2O_2 + 4 -氨基安替比林 + 酚 \xrightarrow{POD} 红色醌类化合物$$

二、实验器材

试管、试管架、微量加样器、刻度吸管、恒温水浴箱、721 分光光度计或半自动生化分析仪。

三、试剂

推荐应用有批准文号的优质市售试剂盒。

四、操作步骤

1. 半自动分析法 按仪器说明书的要求进行测定。

2. **手工操作法** 取 3 支试管,按下表操作。

加入物(ml)	测定管	标准管	空白管
待测血清	0.02	—	—
葡萄糖标准液	—	0.02	—
蒸馏水	—	—	0.02
酶酚混合试剂	3.0	3.0	3.0

混匀,置 37 ℃水浴中,保温 15 分钟,在波长 505 nm 处比色,以空白管调零,读取标准管及测定管吸光度。

五、计算

血清葡萄糖(mmol/L)=(测定管吸光度/标准管吸光度)×5

六、参考区间

空腹血清葡萄糖为 3.89~6.11 mmol/L。

七、注意事项

1. 标本置于室温,大约每小时葡萄糖会降低 5%,因此采血后应立即测定。

2. 葡萄糖氧化酶法可直接测定脑脊液葡萄糖含量,但不能直接测定尿液葡萄糖含量。

3. 本法用血量甚微,操作中应直接加标本至试剂中,再吸试剂反复冲洗吸管,以保证结果可靠。

4. 严重黄疸、溶血及乳糜样血清应先制备无蛋白血滤液,然后再进行测定。

八、临床意义

1. 生理性高血糖可见摄入高糖食物后,或情绪紧张肾上腺素分泌增加时。

2. 病理性高血糖

(1)糖尿病。

(2)内分泌功能障碍:甲状腺功能亢进、肾上腺皮质功能亢进引起的各种对抗胰岛素的激素分泌过多也会出现高血糖。

(3)颅内压增高:颅内压增高刺激血糖中枢,如颅外伤、颅内出血、脑膜炎等。

(4)脱水引起的高血糖:如呕吐、腹泻和高热等,也可使血糖轻度增高。

3. 生理性低血糖

(1)胰岛 B 细胞增生或胰岛 B 细胞瘤等,使胰岛素分泌过多。

(2)对抗胰岛素的激素分泌不足,如肾上腺皮质功能减退、甲状腺功能减退等。

(3)严重肝病患者,由于肝脏储存糖原及糖异生等功能低下,肝脏不能有效地调节血糖。

实训思考

　　某患者,男性,45 岁,农民,因多食、多饮、消瘦半年,双下肢麻木半个月就诊。患者半年前无明显诱因逐渐食量增加,由原来每天 400 g 米饭逐渐增至 500 g 以上,最多达 750 g,而体重逐渐下降,半年内下降达 5 kg 以上,同时出现烦渴多饮,伴尿量增多。半个月来出现双下肢麻木,有时呈针刺样疼痛。二便正常,睡眠好。既往体健,无药物过敏史。个人史和家族史无特殊。查体:体温 36 ℃,脉博 80 次/分,呼吸 18 次/分,血压 130/80 mmHg。无皮疹,浅表淋巴结无肿大,巩膜无黄染,双眼晶状体透明无浑浊,甲状腺(一),心肺(一),腹平软,肝脾肋下未及。双下肢无水肿,感觉减退,膝腱反射消失,Babinski 征(一)。实验室检查:血红蛋白 125 g/L,白细胞 6.5×10^9/L,中性粒细胞 65%,淋巴细胞 35%,血小板 235×10^9/L;尿常规:尿蛋白(一),尿糖(3+),镜检(一);空腹血糖 11 mmol/L。

1. 该患者所患是何病?

2. 血糖测定为什么要抽取空腹血标本?

3. 血糖水平为什么能够保持动态平衡?

评分标准

血糖的测定评分标准

班级：　　　　姓名：　　　　学号：　　　　得分：

项目		分值	操作实施要点	得分
课前素质要求 （5分）		5	着装整洁并穿白大褂，有实训预习报告	
操作过程	操作前准备 （5分）	5	正确准备实验所需的器材、试剂等物品	
	操作中 （60分）	5	试管编号正确	
		15	按照实验操作的表格要求正确地加入试剂	
		20	正确使用721(722)分光光度计	
		10	正确、及时记录实验的现象、数据	
		10	计算血糖浓度	
	操作后整理 （10分）	10	按要求清洁仪器设备、实验台，物品还原	
评价 （20分）		10	上课态度认真，实验操作流畅，实验台面整洁	
		10	实验报告完整，项目齐全，并能针对结果进行分析讨论	
总　分		100		

实训九　全血葡萄糖测定（血糖仪法）

实训目标

1. 通过本实验熟悉血糖仪测定毛细血管全血血糖的原理。
2. 能够掌握血糖仪测定毛细血管全血血糖的注意事项。
3. 知道罗氏活力型血糖仪法测毛细血管全血血糖的操作步骤。

实训内容

一、原理

试纸检测区的化学试剂与血液中的葡萄糖分子反应形成有色物质,有色物质吸收光,血样中葡萄糖越多,反射光越少。检测器捕捉反射光,将其转化为一个电信号,转换成相应的葡萄糖浓度。

二、实验器材

罗氏活力型血糖仪(见图9-1)血糖仪测毛细血管全血血糖。

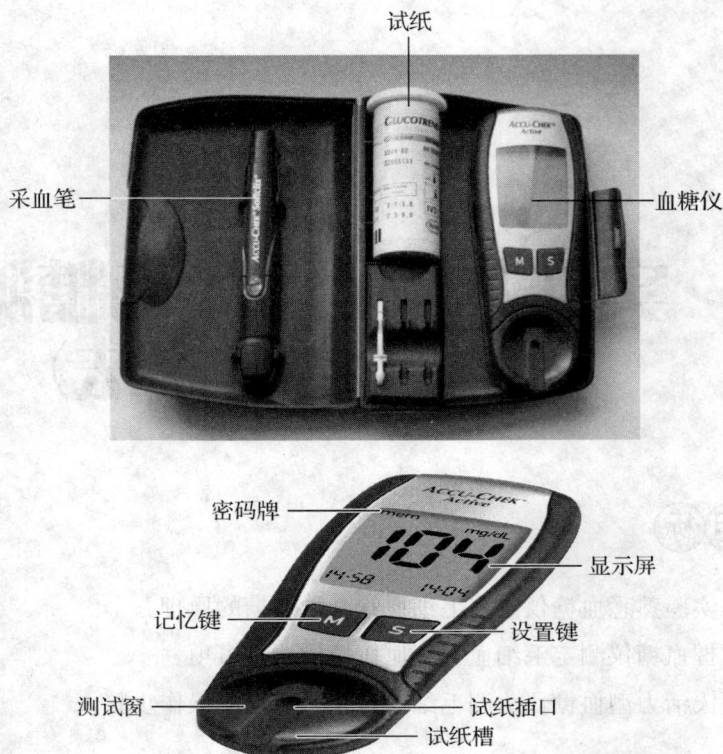

图 9-1 罗氏活力型血糖仪

三、试剂

1. 罗氏活力型血糖试纸 打开一盒新的罗氏活力型血糖试纸后,先将血糖仪上的旧密码牌取出,用包装盒内的新密码牌替换。将密码牌安装并保留在血糖仪的密码牌插槽中直至更换另一筒新试纸。确认密码牌与试纸筒标签上印刷的三位密码号相匹配。

2. 每次测试前检查 请翻转试纸,将质控窗与试纸筒标签上的色阶"0"区域进行比较,颜色需一致。如指控窗的颜色不同,则此试纸不能使用,请将其丢弃,否则将导致错误的测量结果。

3. 试纸储存和稳定性 试纸需保存在 2～30℃的干燥环境中,避免阳光直射。取出试纸后请立即使用配套筒盖盖严试纸筒,这样可以确保试纸在标签标明有效期内完全有效。

4. 试剂反应成分 每条试纸含有(每平方厘米最小含量):葡萄糖染色氧化还原酶 0.7单位,双—(2-羟乙基)—(4-羟亚胺环己基-2,5-二烯炔)氯化铵 8.3 μg,2,18磷钼酸 0.18 mg。

四、标本要求

1. 病人准备 采血前应轻轻按摩采血部位,并进行局部清洗或用 75%乙醇擦拭采

血部位,待干后进行皮肤穿刺。

2. 标本类型　新鲜毛细血管全血。

3. 标本采集与处理　使用血糖仪配套的采血笔在指尖取血,轻轻挤压形成一小滴血样,但应避免因过度挤压导致的组织液渗出。

4. 标本量　所需标本体积约为 $1\sim2\,\mu l$(以刚好覆盖测试区为宜)。

五、操作步骤

1. 核对医嘱,洗手、戴口罩,查对床号、姓名,准备物品,对病人做好解释工作。

2. 遵循采血笔操作步骤,按摩指尖并消毒待干。

3. 从试纸筒内取出试纸插入血糖仪,自动开机后确认屏幕上显示的密码号与试纸筒上的密码号匹配,屏幕出现闪烁的血滴符号。

4. 用采血针刺入已消毒过的指尖侧面,请将血样滴在试纸橘红色的测试区中央。用消毒棉签按压进针部位。

5. 5秒钟左右显示测试结果(机外采血时10秒显示测试结果)。

6. 读取屏幕上显示的测量结果并记录。内容包括被测试者的姓名、测定日期、时间、结果、单位和检测者签名等。

7. 取出试纸,血糖仪自动关闭并将弃针栓安全退出采血针。

8. 整理物品。

六、参考区间

正常人:空腹血糖 3.6～6.1 mmol,　　餐后2小时血糖≤7.0 mmol/l。

糖尿病:空腹血糖＞7 mmol/L,　　餐后2小时血糖＞11.1 mmol/L。

七、注意事项

1. 试纸使用及保存　测试前应核对、调整血糖仪显示的密码与试纸条包装盒上的密码相一致。每台仪器有其各自相对应的试纸条,不可与其他种类的仪器交叉使用。试纸条会受到测试环境的温度、湿度、化学物质等的影响,所以试纸条的保存很重要。需避免潮湿,放在阴凉、干燥、避光处,用后密闭保存;试纸条应储存在原装盒内;手指等不要触摸试纸条的测试区;试纸盒开启后应在三个月内用完试纸。

2. 取血部位待酒精挥发后再取血　酒精能与试纸条上的化学物质发生反应致血糖值不准确;同时酒精没有完全挥发进针会增加疼痛感。不能用碘酒消毒,碘能与试纸条上的化学物质发生反应致血糖值不准确。

3. 为防止交叉感染,每次测试后必须将使用过的试纸和采血针弃置在一定的容器内。

4. 采血　选择手指上无名指指尖两侧皮肤较薄处采血。手指两侧血管丰富,神经末梢分布较少,在这个部位采血不仅不痛而且出血充分,不会因为出血量不足而影响结果。

取血时若发现血液量少,稍稍挤压手指形成一小滴血样(应避免过分挤压导致的组织液渗出,使测量值假性偏低)。

5. 勿在阳光条件下进行测试,勿在血糖仪附近使用手机或其他产生电磁干扰的设备。血糖仪要定期检查、清洁、校准,测试区擦拭时不用酒精或其他有机溶剂,以免损坏仪器,应用棉签或软布蘸清水擦拭,再用干棉签擦干。

6. 严重贫血、水肿、脱水、末梢循环不良及采血部位损伤等均影响结果;某些药物,如对乙酰氨苯基酚、维生素 C、甘露醇、多巴胺等对快速血糖仪的检测存在干扰。

7. 快速血糖仪只能作为过筛或家庭用药的简易监控,不能代替实验室的结果。特别是对糖尿病患者的诊断以及调整用药,应该采用实验室的结果。

8. 当血糖结果明显异常如出现危急值(>25 mmol/L 或 <2.8 mmol/L)时,应采集静脉血送检验科检测。

八、临床意义

同实训八。

实训思考

张大爷得糖尿病有 5 年时间了。最近几天,张大爷每天早上测量血糖的时候,发现血糖值都偏高,连续三天分别是:8.2 mmol/L、8.4 mmol/L、7.8 mmol/L。血糖一向很平稳的张大爷,对这个数值充满了怀疑,于是,他开始每天监测血糖三次,但事实上,饭后两小时他的血糖值都很稳定,只是空腹血糖较高。张大爷也很困惑,他每天吃完晚饭都会运动一小时,有时甚至更多,而且饭量也不大。

1. 究竟是什么原因导致他空腹血糖高的呢?

2. 血糖仪快速测血糖有何优缺点?

3. 血糖仪测血糖时采血有哪些注意事项?

评分标准

全血血糖的测定评分标准

班级：　　　姓名：　　　学号：　　　得分：

项目		分值	操作实施要点	得分
课前素质要求 (10分)		10	着装整洁并穿白大褂,有实训预习报告	
操作过程	操作前准备 (10分)	10	正确准备实验所需的器材、仪器等物品	
	操作中 (50分)	10	正确消毒	
		10	采血方式正确、熟练	
		10	正确使用干片收集标本	
		10	正确操作、及时测试实验的数据	
		10	记录血糖浓度	
	操作后整理 (10分)	10	按要求清洁仪器设备、实验台,物品还原	
评价 (20分)		10	上课态度认真,实验操作流畅,实验台面整洁	
		10	实验报告完整,项目齐全,并能针对结果进行分析讨论	
总　分		100		

实训十 血清总胆固醇测定

实训目标

1. 通过对总胆固醇的测定,掌握 721 分光光度计或半自动生化分析仪的使用。
2. 能够熟悉该检验项目实验室检测的原理及临床应用。
3. 了解有关临床知识。

实训内容

一、原理

血清中总胆固醇(TC)包括游离胆固醇(FC)和胆固醇脂(CE)两部分。血清中胆固醇脂可被胆固醇脂酶水解为游离胆固醇和游离脂肪酸(FFA),胆固醇在胆固醇氧化酶的氧化作用下生成 △4-胆甾烯酮和过氧化氢,过氧化氢在 4-氨基安替比林和酚存在时,经过氧化物酶催化,反应生成苯醌亚胺非那腙的红色醌类化合物,其颜色深浅与标本中 TC 含量成正比。

二、试剂与器材

1. 胆固醇液体酶试剂组成 GOODS 缓冲液(pH 6.7)、胆固醇脂酶、胆固醇氧化酶、过氧化物酶、4 - AAP、苯酚。

2. 胆固醇标准溶液 5.17 mmol/L(200 mg/dl) 精确称取胆固醇 200 mg,用异丙醇配成 100 ml 溶液,分装后,4 ℃保存,临用取出。也可用定值的参考血清作标准。

三、操作步骤

终点法检测 TC 按表 10 - 1 依次加样。

表 10 - 1　酶法测定 TC 操作步骤

加入物	空白管	标准管	测定管
血清(μl)	—	—	10
标准液(μl)	—	10	—
蒸馏水(μl)	10	—	—
酶试剂(μl)	1 000	1 000	1 000

混匀后,37 ℃保温 5 分钟,用分光光度计比色,于 500 nm 波长处以空白管调零,读出各管吸光度。

四、计算

血清 TC(mmol/L)＝(测定管吸光度/标准管吸光度)×胆固醇标准液浓度

五、参考范围

血清参考值:合适水平:＜5.20 mmol/L;　边缘水平:5.23～5.69 mmol/L;
升高:＞5.72 mmol/L。

六、临床意义

1. TC 增高　常见于动脉粥样硬化、原发性高脂血症(如家族性高胆固醇血症、家族性 ApoB 缺陷症、多源性高胆固醇血症、混合性高脂蛋白血症等)、糖尿病、肾病综合征、胆总管阻塞、甲状腺功能减退、肥大性骨关节炎、老年性白内障和牛皮癣。

2. TC 降低　常见于低脂蛋白血症、贫血、败血症、甲状腺功能亢进、肝脏疾病、严重感染、营养不良、肠道吸收不良和药物治疗过程中溶血性黄疸及慢性消耗性疾病,如癌症晚期等。

七、注意事项与评价

1. 试剂中酶的质量影响测定结果。

2. 若需检测游离胆固醇浓度,将酶试剂成分中去掉胆固醇酯酶即可。

3. 检测标本可为血清或者血浆(以肝素或 EDTA-K2 抗凝)。

4. 本方法线性范围为:≤19.38 mmol/L(750 mg/dl)。

5. 本方法特异性好,灵敏度高,既可用于手工操作,也可用于自动化分析;既可作终点法检测,也可作速率法检测。

6. 检测 TC 的血清(浆)标本密闭保存时,在 4 ℃可稳定一周,－20 ℃可稳定半年以上。

实训思考

某女性患者,51 岁,肥胖 5 年。生化检查:三酰甘油 2.46 mmol/L,总胆固醇 5.2 mmol/L。血浆置 4 ℃ 24 小时后,上层呈奶油样,下层清澈。

1. 参考化验报告作出初步临床诊断该患者是哪种类型高脂蛋白血症。

2. 这样的病人在日常生活中该注意哪些问题?

评分标准

胆固醇的测定评分标准

班级:　　　　　姓名:　　　　　学号:　　　　　得分:

项目		分值	操作实施要点	得分
课前素质要求 (10 分)		10	着装整洁并穿白大褂,有实训预习报告	
操 作 过 程	操作前准备 (5 分)	5	正确准备实验所需的器材、试剂等物品	
	操作中 (55 分)	5	试管编号正确	
		15	按照实验操作的表格要求正确地加入试剂	
		15	正确使用 721(722)分光光度计	
		10	正确、及时记录实验的现象、数据	
		10	计算胆固醇浓度	
	操作后整理 (10 分)	10	按要求清洁仪器设备、实验台,物品还原	
评价 (20 分)		10	上课态度认真,实验操作流畅,实验台面整洁	
		10	实验报告完整,项目齐全,并能针对结果进行分析讨论	
总　分		100		

实训十一　血清总胆红素及直接胆红素的测定

实训目标

1. 通过对胆红素的测定,掌握 721 分光光度计或半自动生化分析仪的使用。
2. 能够熟悉该检验项目实验室检测的原理及临床应用。
3. 了理解有关临床知识。

实训内容

一、原理

血清中结合胆红素可直接与重氮试剂反应,产生偶氮胆红素;非结合胆红素需有加速剂咖啡因-苯甲酸钠-醋酸钠作用,其分子内氢键破坏后才能与重氮试剂反应,也产生偶氮胆红素。本法重氮反应 pH 为 6.5,最后加入碱性酒石酸钠使紫色偶氮胆红素(吸收峰 530 nm)转变成蓝色偶氮胆红素,在 600 nm 波长比色,使检测灵敏度提高。

二、试剂

1. 咖啡因-苯甲酸钠试剂。
2. 碱性酒石酸钠溶液。
3. 72.5 mmol/L 亚硝酸钠溶液。
4. 28.9 mmol/L 对氨基苯磺酸溶液。
5. 重氮试剂　临用前取亚硝酸钠溶液 0.5 ml 和对氨基苯磺酸溶液 20 ml,混匀即成。
6. 5.0 g/L 叠氮钠溶液。
7. 胆红素标准液　目前一般用非结合胆红素配制标准液,此标准品需用含清蛋白的溶剂配制,常用人混合血清。

三、操作步骤

1. 样品的测定 按表 11-1 操作。

表 11-1 改良 J-G 法操作步骤

加入物(ml)	总胆红素管	结合胆红素管	对照管
血清	0.2	0.2	0.2
咖啡因-苯甲酸钠试剂	1.6	—	1.6
对氨基苯磺酸溶液	—	—	0.4
重氮试剂	0.4	0.4	—
每加一种试剂后混匀,总胆红素管置室温10分钟,结合胆红素管置37℃1分钟			
叠氮钠溶液	—	0.05	—
咖啡因-苯甲酸钠试剂	—	1.55	—
碱性酒石酸钠溶液	1.2	1.2	1.2

混匀后,波长 600 nm,对照管调零,读取吸光度,在标准曲线上查出相应的胆红素浓度。

2. 标准曲线制作 按表 11-2 稀释胆红素贮存液。

表 11-2 系列胆红素标准液的配制

加入物(ml)	管 号				
	1	2	3	4	5
胆红素标准贮存液	0.4	0.8	1.2	1.6	2.0
稀释用血清	1.6	1.2	0.8	0.4	—
相当于胆红素浓度(μmol/L)	34.2	68.4	103	137	171

混匀(不可产生气泡),按总胆红素测定法操作。每一浓度做 3 个平行管,并分别做标准对照管,用各自的标准对照管调零,读取标准管的吸光度。配制标准液用的溶剂血清中尚有少量胆红素,同样测定后得一吸光度值。每个标准管的吸光度值均应减去此吸光度,然后与相应胆红素浓度绘制标准曲线。

四、参考范围

血清总胆红素:5.1~19 μmol/L(0.3~1.1 mg/dl);
血清结合胆红素:1.7~6.8 μmol/L(0.1~0.4 mg/dl)。

五、临床意义

1. 血清总胆红素测定的意义
(1) 有无黄疸及黄疸程度的鉴别。

（2）肝细胞损害程度和预后的判断：胆红素浓度明显升高，反映有严重的肝细胞损害。但某些疾病如胆汁淤积型肝炎时，尽管肝细胞受累较轻，血清胆红素却可升高。

（3）新生儿溶血症：血清胆红素有助于了解疾病的严重程度。

（4）再生障碍性贫血及数种继发性贫血（主要见于癌或慢性肾炎引起）：血清总胆红素减少。

2. 血清结合胆红素测定的意义　结合胆红素与总胆红素的比值可用于鉴别黄疸类型。

（1）比值<20%：溶血性黄疸，阵发性血红蛋白尿，恶性贫血，红细胞增多症等。

（2）比值40%～60%：肝细胞性黄疸。

（3）比值>60%：阻塞性黄疸。

以上几类黄疸，尤其是（2）、（3）类之间有重叠。

六、注意事项与评价

1. 胆红素对光敏感，标准液及标本均应尽量避光保存。

2. 轻度溶血对本法无影响，但严重溶血时可使测定结果偏低。

3. 叠氮钠能破坏重氮试剂，终止偶氮反应。凡用叠氮钠作防腐剂的质控血清，可引起偶氮反应不完全，甚至不呈色。

4. 本法测定血清总胆红素，在10～37 ℃条件下不受温度变化的影响。呈色在2小时内非常稳定。

5. 标本对照管的吸光度一般很接近，若遇标本量很少时可不作标本对照管，参照其他标本对照管的吸光度。

6. 胆红素大于342 μmol/L 的标本可减少标本用量，或用0.154 mmol/L NaCl 溶液稀释血清后重测。

7. 结合胆红素测定在临床上应用很广，但至今无候选参考方法，国内也无推荐方法。

8. 精密度　正常浓度时精密度较差，特别是批间 CV，据报道为14%～20%；而胆红素342 μmol/L 时，精密度佳，批内 CV 为0.95%，批间 CV 为5%～10%。

9. 本法灵敏度高，且可避免其他有色物质的干扰，是测定血清总胆红素的参考方法，但不能自动化分析是其缺点。

实训思考

患者李××，男，45岁，某公司职员。因乏力、食欲不振、恶心、肝区不适感2周，近一周尿色变深而来诊。既往健康，否认有肝炎接触史。

体检：体温36.6 ℃，脉搏70次/分，呼吸22次/分，血压120/80 mmHg。一般情况尚可，巩膜黄染。心肺未见异常。腹软，肝右季肋下2.0 cm，I°硬，触痛（＋），脾未触及。

实验室检查：

血液一般检查：红细胞 4.7×10^{12}/L，血红蛋白 135 g/L，红细胞比容 46%；白细胞 8.5×10^{9}/L，嗜酸性粒细胞 0.02，淋巴细胞 27%，单核细胞 5%。

临床化学检查：总蛋白 70 g/L，清蛋白 46 g/L，球蛋白 24 g/L；丙氨酸氨基转移酶 880 U/L，天冬氨酸氨基转移酶 90 U/L，谷氨酸脱氢酶 20 U/L；胆红素总量 160 μmol/L，结合胆红素 60 μmol/L，未结合胆红素 100 μmol/L。

尿液检查：色黄，尿胆红素定性(＋)，尿胆原 3.0 μmol/L。

1. 本病例可能为哪方面疾病？

2. 根据上述临床及实验室检查，患者的初步诊断是什么？ 为什么？

3. 该患者是否有黄疸？ 如果有，属于哪种类型的黄疸？

4. 说明本例患者肝细胞损害的细胞病理学定位。

5. 为了更明确诊断和有利于治疗，还应进一步做哪些实验室检查？

评分标准

胆红素的测定评分标准

班级：　　　　姓名：　　　　学号：　　　　得分：

项目		分值	操作实施要点	得分
课前素质要求（10分）		10	着装整洁并穿白大褂,有实训预习报告	
操作过程	操作前准备（5分）	5	正确准备实验所需的器材、试剂等物品	
	操作中（55分）	5	试管编号正确	
		15	按照实验操作的表格要求正确地加入试剂	
		15	正确使用721(722)分光光度计	
		10	正确、及时记录实验的现象、数据	
		10	计算胆红素浓度	
	操作后整理（10分）	10	按要求清洁仪器设备、实验台,物品还原	
评价（20分）		10	上课态度认真,实验操作流畅,实验台面整洁	
		10	实验报告完整,项目齐全,并能针对结果进行分析讨论	
总　分		100		

实训十二 连续监测法测定血清丙氨酸氨基转移酶

实训目标

1. 通过对 ALT 的测定,掌握 721 分光光度计或半自动生化分析仪的使用。
2. 能够熟悉该检验项目实验室检测的原理及临床应用。
3. 了解有关临床知识。

实训内容

一、实验原理

在 ALT 速率法测定中酶偶联反应式为:

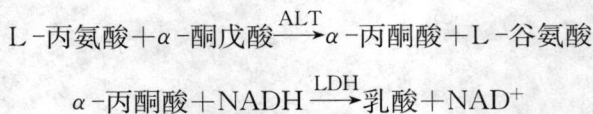

$$L\text{-丙氨酸}+\alpha\text{-酮戊酸}\xrightarrow{\text{ALT}}\alpha\text{-丙酮酸}+L\text{-谷氨酸}$$

$$\alpha\text{-丙酮酸}+NADH\xrightarrow{\text{LDH}}乳酸+NAD^+$$

上述偶联反应中,NADH 的氧化速率与标本中酶活性成正比,在 340 nm 波长处 NADH 有特征性吸收峰,NAD^+ 则没有。可在 340 nm 处连续监测吸光度的下降速率 $(-\Delta A/\text{min})$,来计算出 ALT 的活性单位。

二、实验试剂

1. 试剂成分和在反应液中的参考浓度[(pH 7.15 ± 0.05、Tris - HCl 缓冲液 100 mmol/L、L-丙氨酸 500 mmol/L 、α-酮戊二酸 15 mmol/L 、NADH 0.18 mmol/L、磷酸吡哆醛(P-5′-P) 0.1 mmol/L 乳酸脱氢酶(LDH) 1 700 U/L]。

2. 市售 ALT 底物的复溶及保存 按试剂盒说明书规定操作。但起始吸光度必须大于 1.2,试剂空白测定值必须小于 5 U/L。达不到此要求的试剂视为不合格,不能使用。

三、操作步骤

具体操作程序根据各实验室拥有的自动或半自动生化分析仪型号及操作说明书而定。

下面以半自动生化分析仪为例：

1. 血清稀释度　以 100 μl 血清,加 1 000 μl ALT 底物溶液为例,血清稀释倍数为 11,血清占反应液体积分数为 0.090 9。

2. 主要参数　系数 1 768、孵育时间 90 s、连续监测时间 60 s、比色杯光径 1.0 cm、波长 340 nm、吸样量 500 μl、温度 37 ℃。

四、计算

$$ALT(U/L) = \Delta A/min \times \frac{10^6}{\varepsilon} \times \frac{TV}{SV} = \Delta A/min \times \frac{10^6}{6\,220} \times \frac{1.1}{0.1} = \Delta A/min \times 1\,768$$

式中,6 220 为 NADH 在 340 nm 波长、比色杯光径 1.0 cm 时的摩尔吸光度。

五、参考区间

成人 ALT 为 5～40 U/L。

六、临床意义

ALT 在肝细胞中含量较多,且主要存在于肝细胞的可溶性部分。当肝脏受损时,此酶可释放入血,致血中该酶活性浓度增加,故测定 ALT 常作为判断肝脏受损的指标。

1. 肝细胞损伤的灵敏指标　急性病毒性肝炎患者血清转氨酶升高的阳性率为 80%～100%,肝炎恢复期,转氨酶转入正常,但如果在 100 U 左右波动或再度上升则提示为慢性活动性肝炎;重症肝炎或亚急性肝坏死时,该酶活性反而降低,提示肝细胞坏死后增生不良,预后不佳。由此可见,监测转氨酶可以观察病情的发展,并作预后判断。

2. 肝病诊断的重要指标　慢性活动性肝炎或脂肪肝时,转氨酶轻度增高(100～200 U),或在正常范围,且 AST>ALT。肝硬化、肝癌时,ALT 有轻度或中度增高,提示可能并发肝细胞坏死,预后严重。其他原因引起的肝脏损害,如心功能不全时,肝淤血导致肝小叶中央带细胞的萎缩或坏死,可使 ALT、AST 明显升高;某些化学药物如异烟肼、氯丙嗪、苯巴比妥、四氯化碳、砷剂等可不同程度地损害肝细胞,引起 ALT 的升高。

3. 协助诊断其他疾病　骨骼肌损伤、多发性肌炎等其他疾病亦会引起 ALT 不同程度的增高。

七、注意事项与评价

1. ALT 测定中存在着两个副反应:
(1) 血清中存在游离的 α-酮酸(如丙酮酸)能消耗 NADH。

$$丙酮酸＋NADH＋H^+ \xrightarrow{LDH} 乳酸＋NAD^+$$

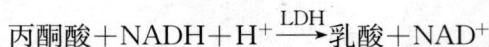

（2）血清中谷氨酸脱氢酶（GLDH）增高时，在有氨离子存在的条件下，也能消耗 NADH。

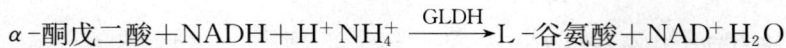

$$\alpha-酮戊二酸＋NADH＋H^+ NH_4^+ \xrightarrow{GLDH} L-谷氨酸＋NAD^+ H_2O$$

上述副反应都能消耗 NADH，使 340 nm 处吸光度下降值（$-\Delta A/min$）增加，使测定结果偏高。

2. 使用连续监测法测定酶的活性时，要求使用的分光光度计，带宽≤6 nm，比色杯光径 1.0 cm，具有 30 ℃或 37 ℃恒温装置，能自动记录吸光度的动态变化。

3. 试剂空白测定值　以蒸馏水代替血清，测定 ALT 活力单位，规定测定值应小于 5 U/L。试剂空白的读数是由于工具酶中的杂酶及 NADH 自发氧化所引起，在报告结果时应扣去每批试剂的空白测定值。

4. 宜用血清标本，肝素、草酸盐、枸橼酸盐虽不抑制酶的活性，但可引起反应液的轻度混浊；红细胞中 ALT 含量为血清的 3～5 倍，应避免标本溶血。血清 ALT 活性大于 1 000/L（37 ℃）的样品，或读数开始时吸光已很低的样品（因 ALT 活性很高，NADH 在读数开始前的温育期内已经耗尽所致），需用 0.9％生理盐水溶液作适当稀释后重新测定，测定结果乘以稀释倍数。

5. 由于测定上限在酶促反应的线性范围内，偏差小，准确性好；测定条件较赖氏法易于控制，精密度高；测定中无需标准对照，操作简便，测定结果计算方便；实验条件要求严格，成本高。

实训思考

患者女性，24 岁，持续全身不适、厌食、乏力 2 周。生化检查：ALT 255 IU/L，TBil 43 μmol/L，DBil 22 μmol/L。免疫检查：HBsAg 阳性，抗 HBs 阴性，HBeAg 阳性，抗 HBe 阳性，抗 HBc 阳性。

1. 参考化验报告作出初步临床诊断，该患者是什么类型的肝炎？

2. 这样的病人在日常生活中该注意什么？

3. 什么是"大三阳"，什么是"小三阳"？

（评分标准）

血清 ALT 的测定评分标准

班级：　　　　姓名：　　　　学号：　　　　得分：

项目		分值	操作实施要点	得分
课前素质要求（10分）		10	着装整洁并穿白大褂，有实训预习报告	
操作过程	操作前准备（5分）	5	正确准备实验所需的器材、试剂等物品	
	操作中（55分）	5	试管编号正确	
		10	按照实验操作的表格要求正确地加入试剂	
		20	正确使用半自动生化分析仪	
		10	正确、及时记录实验的现象	
		10	记录 ALT 数据	
	操作后整理（10分）	10	按要求清洁仪器设备、实验台，物品还原	
评价（20分）		10	上课态度认真，实验操作流畅，实验台面整洁	
		10	实验报告完整，项目齐全，并能针对结果进行分析讨论	
总　分		100		

实训十三 钠、钾、氯离子测定

实训目标

1. 通过对钠、钾、氯离子的测定,掌握电解质分析仪的使用。
2. 能够熟悉该检验项目实验室检测的原理及临床应用。
3. 了解有关临床知识。

实训内容

一、原理

离子选择电极法(ISE)是以测定电池的电位为基础的定量分析方法。将钾、钠、氯离子选择电极和一个参比电极连接起来,置于待测的电解质溶液中形成测量电池。当被选择离子与 ISE 电极膜接触反应时,电位计电路中的电动势立即发生变化,产生电位差。电位差的大小与溶液中的离子活度成正比,亦与离子浓度成正比。检测时首先加入样品测其电位,然后加入标准液测其电位,两者之差与样品中离子浓度和它们在标准液中的浓度之比存在对数关系,根据能斯特方程式计算出样本中的离子浓度。

二、试剂与材料

1. 漂移校正液。
2. 斜率校正液。
3. 去蛋白液。
4. 电极活化液。
5. 参考电极电解液(以上由各仪器厂家供应配套试剂)
6. 待测血清。

三、器材

由钾、钠、氯等电极组合的电解质分析仪(图 13 - 1)。

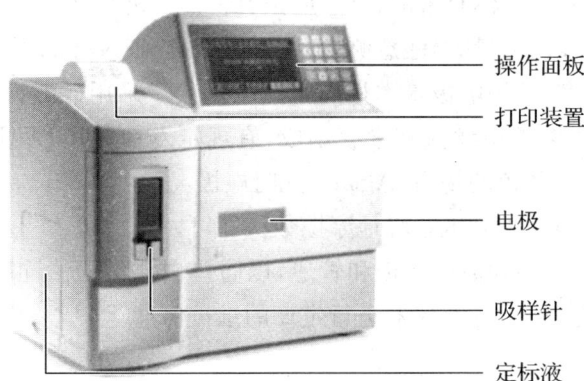

操作面板

打印装置

电极

吸样针

定标液

图 13 - 1 电解质分析仪

四、操作方法

各型号 ISE 分析仪的试剂配方、试剂用量、操作方法有所不同,一般要严格按照仪器的说明书操作进行。常规步骤如下:

1. 开启仪器,清洗管道,30 分钟以上的预热稳定。

(1) 检查漂移校正液瓶子是否已经空了,检查废液的瓶子是否已满。

(2) 接通电源后,调整日期和时间。

2. 定标 I(漂移校正) 仪器自动冲洗。

3. 定标 II(斜率校正) 取一支斜率校正液,按菜单提示进行定标 II 的测量。如数据通过,则进入到样品测量程序。

4. 样品测量 仪器进入测量状态时,先打开进样针,插入样品溶液,按菜单提示操作。

5. 测定结果 由仪器内微处理器计算后打印数值。

6. 每天用完后,清洗电极和管道后再关机。若用于急诊检验室,可不关机,自动进行清洗和单点校准,随时使用。

五、结果

由微电脑处理并打印结果。

六、参考区间

血清钠:136~145 mmol/L;血清钾:3.5~5.5 mmol/L;血清氯:96~108 mmol/L。

七、注意事项

1. 样品采集后尽快测量,时间不能超过 1 小时。

2. 因废液中含有对人体有害的物质,应按有害物品进行处理。

3. 在校正液及样品测量时,注意测量管道内的校正液及样品不能有气泡存在。

4. 仪器型号很多,所用电极基本相同。钠电极大多采用硅酸锂铝玻璃电极膜制成,寿命较长。钾电极大多采用缬氨霉素膜制成,有规定寿命,应定期更换。氯电极使用久后,电极膜头上会出现黑色的物质(AgCl),此时电极灵敏度下降,需用柔软的布类将膜表面黑色的物质擦去,再用细砂纸轻轻地摩擦数次即可。

5. 每个工作日后,必须清洗电极和管道,以防蛋白质沉积。同时定期用含有蛋白水解酶的去蛋白液浸泡管道,并对仪器进行定期的维护保养。

八、临床意义

1. 钠

(1)血清钠降低:临床上常见于:①胃肠道失钠:可见于幽门梗阻、呕吐、腹泻和引流等,都可丢失大量消化液而发生缺钠;②尿钠排出增多:见于严重肾盂肾炎、肾小管严重损害、肾上腺皮质功能不全、应用利尿剂治疗等;③皮肤失钠:大量出汗时、大面积烧伤和创伤时,亦可引起低血钠;④抗利尿激素增多。

(2)血清钠增高:血清钠超过 145 mmol/L 为高血钠症。可见于:①肾上腺皮质功能亢进:库欣综合征,原发性醛固酮增多症,由于皮质激素的排钾保钠作用,使肾小管对钠的重吸收偶发生高张性脱水;②中枢性尿崩症时,ADH 分泌量减少,尿量大增,如供水不足,则血钠增高。

2. 钾

(1)血清钾增高:可见于肾上腺皮质功能减退、急性或慢性肾衰竭、休克、组织挤压伤、重度溶血、口服或注射含钾溶液过多等。

(2)血清钾降低:常见于严重腹泻、呕吐、肾上腺皮质功能亢进,服用利尿剂、胰岛素的应用。大剂量注射青霉素钠盐时,肾小管会大量失钾。

3. 氯

(1)血清氯化物增高:临床上高氯血症常见于高钠血症、失水大于失盐、氯化物相对浓度增高、高氯血症代谢酸中毒等。

(2)血清氯化物减低:临床上低氯血症较为多见。常见原因有氯化物的异常丢失或摄入减少,如严重呕吐、腹泻、胃液及胰液或胆汁大量丢失、长期限制氯化钠的摄入、艾迪生病、抗利尿激素分泌增多。

实训思考

患儿王某,男,15 个月,因腹泻、呕吐 4 天入院。发病以来,每天腹泻 6～8 次,水样便,呕吐 4 次,不能进食,每日补 5％葡萄糖溶液 1 000 ml,尿量减少,腹胀。

体格检查:精神萎靡,体温 37.5 ℃(肛),脉搏速弱,150 次/分钟,呼吸浅快,55 次/分钟,血压 86/50 mmHg(11.5/6.67 kPa),皮肤弹性减退,两眼凹陷,前囟下陷,腹胀,肠鸣音减弱,腹壁反射消失,膝反射迟钝,四肢凉。

实验室检查:血清 Na^+ 125 mmol/L,血清 K^+ 3.2 mmol/L。

1. 该患儿发生了何种水、电解质代谢紊乱? 为什么?

2. 该患儿该怎样护理?

评分标准

电解质分析仪测定钠、钾、氯离子评分标准

班级:　　　　姓名:　　　　学号:　　　　得分:

项目		分值	操作实施要点	得分
课前素质要求 (10 分)		10	着装整洁并穿白大褂,有实训预习报告	
操作过程	操作前准备 (10 分)	10	正确准备实验所需的器材、试剂等物品	
	操作中 (50 分)	5	试管编号正确	
		15	按照实验操作的表格要求正确地加入试剂	
		20	正确使用电解质分析仪	
		10	正确、及时记录实验的现象、数据	
	操作后整理 (10 分)	10	按要求清洁仪器设备、实验台,物品还原	
评价 (20 分)		10	上课态度认真,实验操作流畅,实验台面整洁	
		10	实验报告完整,项目齐全,并能针对结果进行分析讨论	
总　分		100		

实训十四 血清尿素测定（脲酶-波氏比色法）

实训目标

1. 通过对尿素的测定，掌握血清尿素的临床意义。
2. 能够熟悉测定血清尿素的操作步骤。
3. 知道测定血清尿素的基本原理。

实训内容

一、原理

本法测定分两个步骤：首先用脲酶（尿素酶）水解尿素，产生 2 分子氨和 1 分子二氧化碳；然后，氨在碱性介质中与苯酚及次氯酸反应，生成蓝色的吲哚酚。此过程需用亚硝基铁氰化钠催化。蓝色吲哚酚的生成量与尿素含量成正比，在波长 560 nm 比色测定。反应式如下：

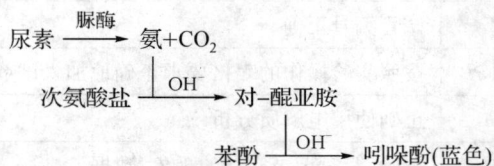

$$尿素 \xrightarrow{\text{脲酶}} 氨 + CO_2$$

$$次氨酸盐 \xrightarrow{\text{OH}^-} 对\text{-}醌亚胺$$

$$苯酚 \xrightarrow{\text{OH}^-} 吲哚酚（蓝色）$$

二、试剂与材料

试剂与材料见表 14-1。

表 14－1　脲酶-波氏法测定尿素试剂与材料

试剂名称	配制方法
酚显色剂	苯酚 10 g,亚硝基铁氰化钠(含 2 分子水)0.05 g,溶于 1 000 ml 去氨蒸馏水中,4 ℃可保存 60 天
碱性次氯酸钠溶液	氢氧化钠 5 g 溶于去氨蒸馏水中,加"安替福民"8 ml(相当于次氯酸钠 0.42 g),再加去氨蒸馏水至 1 000 ml,置棕色瓶内,4 ℃冰箱可稳定 2 个月
尿素酶贮存液	尿素酶(比活性 3 000～4 000 U/g)0.2 g 悬浮于 20 ml 50%(V/V)甘油中,4 ℃冰箱内可稳定 6 个月
尿素酶应用液	尿素酶贮存液 1 ml,加 10 g/L EDTA・Na$_2$ 溶液(pH6.5)至 100 ml,置 4 ℃冰箱保存可稳定 1 个月
尿素标准贮存液 100 mmol/L	称取干燥纯尿素(MW60.06)0.6 g,溶解于水中,并稀释至 100 ml,加 0.1 g 叠氮钠防腐,置 4 ℃冰箱内可稳定 6 个月
尿素标准应用液(5 mmol/L)	取 5 ml 尿素贮存液,用去氨蒸馏水稀释至 100 ml

三、实验器材

试管、刻度吸管、微量加样器、分光光度计、37 ℃恒温水浴箱。

四、操作方法

取试管 3 支,编号,按表 14－2 进行操作。

表 14－2　脲酶-波氏法测定尿素操作步骤

加入物(ml)	空白管	标准管	测定管
去氨蒸馏水	0.01	—	—
尿素标准应用液	—	0.01	—
待测血清	—	—	0.01
尿素酶应用液	1.0	1.0	1.0
混匀,置 37 ℃水浴 15 分钟			
酚显色剂	5.0	5.0	5.0
碱性次氯酸钠溶液	5.0	5.0	5.0

混匀,置 37 ℃水浴 20 分钟,分光光度计波长 560 nm,比色皿光径 1.0 cm,用空白管调零,读取各管吸光度。

五、结果

$$血清尿素(mol/L)=\frac{A_{测定管}}{A_{标准管}}\times 5$$

六、注意事项

1. 本法的测定波长也可用 630 nm。

2. 误差因素　空气中氨气对试剂或玻璃器皿的污染或使用铵盐抗凝剂,均可使结果偏高。高浓度氟化物可抑制尿素酶,引起结果假性偏低。

3. 可选用相关试剂盒。

七、临床意义

尿素是体内蛋白质分解代谢的终产物之一,由肾脏排泄,血清尿素的测定可以反应肾脏的排泄功能。血清尿素的参考范围为:2.9～7.2 mmol/L。血清尿素增加的原因可分为肾前性、肾性和肾后性三个方面。

1. 肾前性　主要见于心力衰竭、大出血、创伤、烧伤等疾病引起的休克,还有各种原因引起的严重脱水和电解质紊乱,使血容量减少而导致血中尿素潴留。另外,各种疾病引起的蛋白质分解增加亦使尿素生成增多。

2. 肾脏疾病　各种肾疾病引起的肾功能减退、肾小球滤过率严重减少,导致血中尿素明显升高。肾功能轻度受损时,尿素可无变化,当血清中尿素高于正常值时,说明有效肾单位的 70%～80% 已受到损害,因此,血清尿素测定不能作为肾脏疾病的早期功能测定指标。

3. 肾后性　各种原因引起的尿路阻塞、肾脏肿胀,肾小球滤过率减少,使尿素排泄减少。

实训思考

某患者,女,32 岁。近两个月头疼、恶心、呕吐,伴胸闷、心慌、气短,进展为夜间阵发性呼吸困难,且不能平卧。既往史:儿时患急性肾炎,5 年前患慢性肾炎。入院后,采用强心、利尿、扩张血管等对症治疗,症状有所缓解。实验室检查:血尿素 14.5 mmol/L,血肌酐 997 μmol/L,$[HCO_3^-]$ 14 mmol/L,血尿酸 440 μmol/L。

1. 该患者入院时肾功能如何?

2. 该患者血尿素增高是哪种原因? 应采取哪些护理措施?

评分标准

尿素的测定评分标准

班级：　　　　姓名：　　　　学号：　　　　得分：

项目		分值	操作实施要点	得分
课前素质要求 (10分)		10	着装整洁并穿白大褂,有实训预习报告	
操作过程	操作前准备 (5分)	5	正确准备实验所需的器材、试剂等物品	
	操作中 (55分)	5	试管编号正确	
		15	按照实验操作的表格要求正确地加入试剂	
		15	正确使用721(722)分光光度计	
		10	正确、及时记录实验的现象、数据	
		10	计算尿素浓度	
	操作后整理 (10分)	10	按要求清洁仪器设备、实验台,物品还原	
评价 (20分)		10	上课态度认真,实验操作流畅,实验台面整洁	
		10	实验报告完整,项目齐全,并能针对结果进行分析讨论	
总　分		100		

实训十五 血清肌酐测定

实训目标

1. 通过对肌酐的测定掌握血清肌酐的临床应用。
2. 能够熟悉肌氨酸氧化酶法的测定方法及注意事项。
3. 知道肌氨酸氧化酶法测定血清肌酐的原理。

实训内容

一、原理

样品中的肌酐在肌酐酶的催化下水解生成肌酸。在肌酸酶的催化下肌酸水解产生肌氨酸和尿素。肌氨酸在肌氨酸氧化酶的催化下氧化成甘氨酸、甲醛和 H_2O_2，最后偶联 Trinder 反应，比色法测定。反应如下：

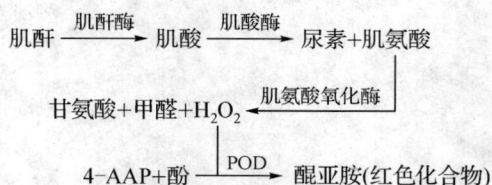

$$\text{肌酐} \xrightarrow{\text{肌酐酶}} \text{肌酸} \xrightarrow{\text{肌酸酶}} \text{尿素+肌氨酸}$$

$$\text{甘氨酸+甲醛}+H_2O_2 \xleftarrow{\text{肌氨酸氧化酶}}$$

$$\text{4-AAP+酚} \xrightarrow{\text{POD}} \text{醌亚胺(红色化合物)}$$

二、试剂与材料

试剂与材料见表 15-1。

表 15-1　肌氨酸氧化酶法测定血清肌酐试剂与材料

试剂 1		试剂 2		肌酐标准液
TAPS 缓冲液(pH 8.1)	30 mmol/L	TAPS 缓冲液(pH 8.0)	50 mmol/L	
肌酸酶(微生物)	≥333 μKat/L	肌酐酶(微生物)	≥500 μKat/L	
肌氨酸氧化酶(微生物)	≥μKat/L	过氧化物酶(辣根)	≥16.7 μKat/L	
抗坏血酸氧化酶(微生物)	≥33 μKat/L	4-AAP	2.0 mmol/L	
HTIB	5.9 mmol/L	亚铁氰化钾	163 μmol/L	

注:①HTIB 为 2,4,6-三碘-3-羟基苯甲酸;②TAPS 为 N-三羟甲基代甲基-3-氨基丙磺酸

三、实验器材

微量加样器、半自动生化分析仪或全自动生化分析仪。

四、操作方法

按表 15-2 所示进行操作。

表 15-2　肌氨酸氧化酶法测定肌酐操作步骤

加入物(μl)	空白管	标准管	测定管
蒸馏水	6	—	—
肌酐标准液	—	6	—
待测血清	—	—	6
试剂 1	250	250	250
混匀,37 ℃恒温 5 分钟,主波长 546 nm,次波长 700 nm,测定各管吸管度 A1			
试剂 2	125	125	125

将各管混匀,37 ℃孵育 5 分钟,主波长 546 nm,次波长 700 nm,再测定各管吸光度 A2。

五、结果

$$肌酐(\mu mol/L) = \frac{A_{测定管2} - A_{测定管1}}{A_{标准管2} - A_{标准管1}} \times 100(\mu mol/L)$$

正常人血清肌酐参考区间:男性:59~104 μmol/L;女性:45~84 μmol/L。

六、注意事项

1. Trinder 反应受胆红素和维生素 C 的干扰,可在试剂 1 中加入亚铁氰化钾(或者亚硝基铁氰化钾)和抗坏血酸氧化酶消除。

2. 该方法的特异性较好,参考值略低于苦味酸速率法。

3. 自动生化分析仪的使用参照有关资料,并在专业人员的指导下进行。

4. 可选用相关试剂盒。

七、临床意义

肌酐经肾小球滤过后,不被肾小管重吸收,而且肾小管几乎不分泌肌酐。肾的储备和

代偿能力很强,在肾脏疾病初期,血清肌酐一般不升高,只有当肾小球滤过功能降到正常人的1/3时,血中肌酐才明显增高。所以,测定血清肌酐对晚期肾脏疾病临床意义较大。

血清肌酐增高见于各种肾病、急慢性肾衰竭、重度充血性心力衰竭、肌肉损伤、巨人症等;血清肌酐下降见于进行性肌肉萎缩、白血病、贫血及肝功能障碍等。

实训思考

某患者,女,34岁,近一年表现疲惫、厌食,怕油腻,有时伴"胸口"痛,前6个月经胃肠钡餐透视检查,被诊断为"胃窦炎",医生给她开了雷尼替丁、奥美拉唑等多种治胃药,服药后上述症状减轻。此后,她又去医院多次,医生都说她得的是胃炎,治胃药换过多种,但病情一直反复。近一个月来,厌食、恶心、腹胀症状越来越明显,入医院后,经全面检查发现:血色素为8.9 g(正常11.0~14.0 g)、血肌酐414 μmol/L、尿酸480 μmol/L。据此,医生诊断结果为:慢性肾衰竭。

1. 试述医生诊断的依据。

2. 血清肌酐测定有哪些临床意义?

评分标准

肌酐的测定评分标准

班级:　　　姓名:　　　学号:　　　得分:

项目		分值	操作实施要点	得分
课前素质要求 (10分)		10	着装整洁并穿白大褂,有实训预习报告	
操作过程	操作前准备 (5分)	5	正确准备实验所需的器材、试剂等物品	
	操作中 (55分)	5	试管编号正确	
		15	按照实验操作的表格要求正确地加入试剂	
		15	正确使用721(722)分光光度计	
		10	正确、及时记录实验的现象、数据	
		10	计算肌酐浓度	
	操作后整理 (10分)	10	按要求清洁仪器设备、实验台,物品还原	
评价 (20分)		10	上课态度认真,实验操作流畅,实验台面整洁	
		10	实验报告完整,项目齐全,并能针对结果进行分析讨论	
总 分		100		

附 录 常见生物化学标本采集及其注意事项

　　临床生化检验常见的标本一般包括血液、尿液、粪便、脑脊液、胸水、腹水、前列腺液、精液、阴道分泌物等,这些标本收集的时间、方法和保存都有一定的要求和注意事项。

一、血液标本采集

(一)静脉采血法

　　1. 采血步骤　采血前要核对病人姓名、年龄、性别、编号及检验项目等,按试验项目要求,准备好相应的容器,如空白试管、抗凝管或促凝管等。病人应取坐位或卧位,采血部位通常是前臂肘窝的正中静脉。若用普通采血法,采血后应取下针头,将血液沿管壁缓慢注入试管内。

图 附-1 采血步骤

　　2. 注意事项

　　(1) 很多生化成分受膳食影响,因此,采血前要确认病人是否空腹。

　　(2) 避免充血和血液浓缩:采血时动作应迅速,尽可能缩短止血带使用时间。用止血带压迫时间最好不超过半分钟,否则将使生化结果升高或下降。

　　(3) 若病人正在进行静脉输液,不宜在输液同侧手臂采血;若女性病人做了乳腺切除术,应在手术对侧手臂采血。

　　(4) 采血的体位:体位改变可引起一系列的生理变化,使血液中的许多指标发生改

变。一般采取直立位采血，其标本的测定值比卧位高 5%～15%。因此，采血时要注意保持正确的体位（坐位或卧位），以及体位的一致性。

（5）采血时只能向外抽，决不能向静脉内推，以免注入空气，形成气栓而造成严重后果。

（6）防止溶血：造成溶血的因素有：注射器和容器不干燥、不清洁；穿刺不顺利，组织损伤过多；淤血时间过长；抽血速度太快；血液注入容器时未取下针头或注入速度过快产生大量泡沫；震荡过于剧烈等。若用普通注射器采血后，未取针头直接将血注入真空管内，也易造成溶血。体内溶血属合格标本，但应在报告单上注明。

（二）动脉采血法（常用作血气分析）

肱动脉、股动脉、桡动脉以及其他任何部位的动脉都可以作为采血点，但多选择肱动脉和桡动脉。在摸到明显搏动处，按常规消毒，左手固定搏动处，右手持注射器，针头呈 60°刺入，血液将自动进入注射器内。动脉痉挛易产生气泡和溶血，取血器要清洁密封并进行抗凝预处理。采取肢动脉血时务必考虑该肢体端有无骨折等严重创伤。伤肢远端血气结果不能代表患者实际情况。用 2 ml 注射器，连接 7 号针头（针头过小可引起血肿），吸 1:500 肝素生理盐水溶液 1 ml，将活塞来回抽动，使内壁沾匀肝素，再推掉全部肝素溶液，将活塞推至空筒顶端后不再回拉，以保持注射器内无空气。选择动脉（桡动脉采血比较方便），常规消毒病人的皮肤及操作者的左手食、中指后，以左手绷紧皮肤，右手持注射器，用左手食指触摸动脉搏动处，以 45°进针，见血液自动加入空筒内至 2 ml 后拔出针头，嘱病人按压局部 5 分钟，应立即用橡皮泥或橡皮塞封闭针头（针头斜面埋入橡皮中即可），以隔绝空气，在手中搓动注射器，使血与肝素混合，血标本应立即放入含有氯化钠冰水的容器中，使标本迅速冷至 4℃以下，立即送检。采血后立即密封，送检要及时，因血液离体后细胞仍进行代谢，会使 pH 及 P_{O_2} 下降，P_{CO_2} 升高。一般而言从采集标本到完成测定，期间不超过 30 分钟，大体上不会对临床诊断造成太大影响。注意：肝素会严重影响凝血功能的测定，故严禁将抽取的血气分析标本注入蓝帽子的凝血功能真空管内。应分两次抽血送检，以免因标本不合格而延误病情。

（三）真空采血法

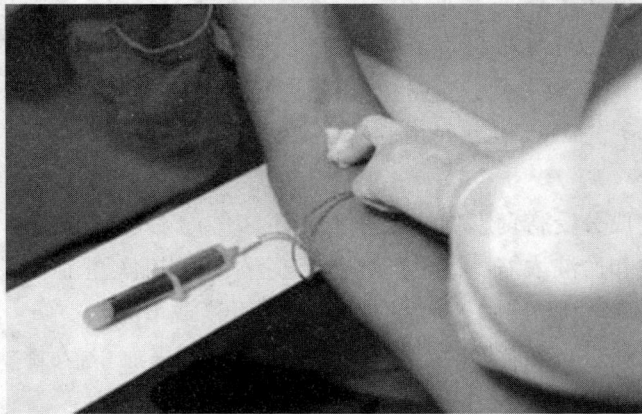

图 附-2　真空采血

双向针一端插入真空试管内,另一端在持针器的帮助下刺入静脉,血液在负压作用下自动流入试管内。由于在完全封闭状态下采血,避免了血液外溢引起的污染,并有利于标本的转运和保存。标准真空采血管采用国际通用的头盖和标签颜色显示采血管内添加剂种类和试验用途。

二、尿液标本

同血标本一样,尿液标本受饮食、运动、药物量等因素的影响也较大,特别是饮食的影响,故一般来说晨尿优于随机尿。晨尿是指清晨起床后的第一次尿标本,较浓缩和酸化,有形成分(如血细胞、上皮细胞、管形)相对集中,便于观察。随机尿即随意一次尿,留取方便,但受饮食、运动、药物影响较大,易于出现假阳性和假阴性结果,如饮食性蛋白尿、饮食性糖尿、维生素 C 干扰潜血结果等。餐后尿(午餐后 2 小时收集的患者尿液)适用于尿糖、尿蛋白和尿胆原的检查,此时的尿标本可增加试验敏感性,检出较轻微的病变。12 小时尿细胞计数,即 Addis(前晚 20 时排空膀胱后留取至次日 8 时的所有尿液),因时间较长,细菌易繁殖,需加入防腐剂甲醛。24 小时尿(第一天晨 6 时排空膀胱后留取至次日晨 6 时的所有尿液)中化学物质的定量,包括蛋白、糖、钙等,检测不同的物质,应选择不同的防腐剂防腐。清洁中段尿多用于尿细菌培养,要求无菌,冲洗外阴后留取标本。

所有尿标本的收集都应足量,最少 12 ml,最好 50 ml,定时尿需全部收集,对女性患者应避免阴道分泌物、经血污染尿标本。

三、粪便标本

粪便标本的检测对判断消化系统疾病有重要参考价值。采集时要求用干净的竹签选取含有黏液、脓血等异常病变成分的粪便,对外观无异常的粪便需从表面、深处等多处取材。找寄生虫虫体及作虫卵计数,应收集 24 小时粪便。查痢疾阿米巴滋养体应于排便后立即检查,从有脓血和稀软处取材,保温送检。查日本血吸虫虫卵时应取黏液、脓血部分,孵化毛蚴时至少留取 30 g 粪便,且需尽快处理。检查蛲虫卵需用透明薄膜拭子于晚 24 时或清晨排便前自肛门周围皱襞处拭取并立即镜检,不宜用棉签蘸取粪便送检。留取标本后需及时送检,以免粪便过于干燥以致无法检验。隐血试验(化学法),试验前 3 日禁食肉类及含动物血食物并禁服铁剂、维生素 C 等。所有粪便标本采集后 1 小时内应检查完毕,以防止有形成分受消化酶及 pH 的破坏。

四、脑脊液标本

脑脊液标本采集后应立即送检,放置过久将影响检验结果:①如细胞变性、破坏或纤维蛋白凝集成块,导致细胞分布不均而使计数和分类不准确。②有些化学物质如葡萄糖等将分解,使含量减少。③细菌发生自溶,影响细菌(尤其是脑膜炎球菌)的检出率。脑脊液抽取后一般分装三个无菌管,第一管做细菌培养,第二管做化学分析和免疫学检查,

第三管做一般性状及显微镜检查。三管顺序不宜颠倒,否则可出现前后几次脑脊液常规结果的较大偏差,这也是临床上常出现的错误原因之一。因标本采集较难,故送检和检测的过程应注意安全。

五、胸腹水标本

与脑脊液标本一样,采集后的标本注意安全,及时送检。一般也分装三管:第一管做细菌培养,第二管做生化检查,第三管做常规细胞学检查,顺序以与脑脊液相同为宜。生化检测管应用肝素钠抗凝,否则纤维蛋白析出造成总蛋白结果偏低且有可能引起生化仪加样针的堵塞。

六、前列腺液标本

前列腺液标本由前列腺按摩后采集,液量少时直接滴在载玻片上及时送检,需注意防止标本蒸干,量多时收集在洁净干燥的试管中。若按摩不出前列腺液,可检查按摩后的尿液沉渣。

七、精液标本

精液标本采集前应禁欲 3～7 天,排净尿液后可用手淫或电按摩收集法或其他方法将精液全部直接排入干净的容器中,保温并及时送检。由于精子生成日间变动较大,一般应检查2～3 次(每次间隔1～2 周)方可作出诊断。

八、阴道分泌物标本

阴道分泌物标本采集前 24 小时应禁止房事、盆浴、阴道检查、阴道灌洗及局部上药等。取材所用器械需要清洁。一般用盐水浸湿棉拭子自阴道或阴道穹隆后部、宫颈管口取材,制生理盐水涂片后观察分泌物标本。经期的女性患者不宜检查阴道分泌物标本。

主要参考文献

1. 张淑芳. 生物化学实验技术. 武汉：华中科技大学出版社，2012

2. 杜江. 生物化学检验技术实验指导. 武汉：华中科技大学出版社，2012

3. 钱士均. 临床生物化学检验实验指导. 4 版. 北京：人民卫生出版社，2004

4. 中华人民共和国卫生部医政司. 全国临床检验操作规程. 3 版. 南京：东南大学出版社，2006